辣椒绿色高效栽培技术

姚明华　李宁　王飞　主编

LAJIAO
LUSE
GAOXIAO
ZAIPEI
JISHU

长江出版传媒
湖北科学技术出版社

《辣椒绿色高效栽培技术》编委会

主　编　姚明华　李　宁　王　飞

副主编　尹延旭　张银领　廖文月

目　录

第一章　概　　况

辣椒又名辣子、番椒、海椒、辣茄、秦椒等，属于茄科(Solanaceae)辣椒属(*Capsicum*)的植物，在热带地区多为多年生灌木，在温带地区为一年生草本植物。辣椒主要起源于墨西哥、危地马拉、美国南部。公认的辣椒是在明朝末年传入中国，高镰的《遵生八笺》(1591)中记载："番椒，丛生，白花，果俨似秃笔头，味辣，色红，甚可观。"

辣椒属包括 32 个种，由辣椒栽培种、未被利用的野生种和其他辣椒种组成。其中将栽培种分为 5 个：一年生辣椒(*Capsicum annuum* L.)，灌木状辣椒(*Capsicum frutscens* L.)、中国辣椒(*Capsicum chinense* Jacq.)、茸毛辣椒(*Capsicum pubesens* Ruiz &Pavon)、下垂辣椒(*Capsicum baccatum* L.)。在 5 个栽培种中，*C. annuum* 是栽培最广泛、变异最为丰富的种，在我国从南到北均能广泛栽培、且我国的绝大部分栽培辣椒类型均为 *C. annuum*；海南省栽培的"黄灯笼"辣椒为 *C. chinense*，其果实特点为辣味强，香味浓；在我国云南、海南等地，分布有野生种质"小米辣"和"涮辣"属于 *C. frutscens*，其中"涮辣"被认为是我国最辣的辣椒。我国已经发现的辣椒野生种质和起源中心美洲相比在数量和种类上都少得多。

一、辣椒的营养成分及功能

辣椒是一种营养丰富的蔬菜，每 100 克食用部分(鲜重)含碳水化合物 4.5～6.0 克，淀粉 4.2 克，胡萝卜素 0.73～1.56克，

尼克酸 0.3 毫克，蛋白质 1.2～2.0 克，钠 2.0 克，纤维 2.0 克，脂类 0.4 克，钙 1.0～12.0 毫克，磷 28.0 毫克，铁 0.4～0.5 毫克，维生素 A 11.2～24.0 毫克，维生素 C 73.0～342.0 毫克，糖分 4.0 克，而且都是单糖，容易被肠胃吸收。

辣椒主要以其果实供食，可以生食，而且生食的营养价值较高。辣椒也可炒食，还可腌制和干贮，也可以加工成辣椒粉、辣椒酱、辣椒油和辣椒罐头等。食用辣椒可以增进食欲，帮助消化，开胃健脾，驱寒发汗，促进血液循环；还可以防治胃肠病、关节炎、心脏病、脑血栓等。

二、辣椒种植的特点与优势

(1)辣椒属于中光性作物，适应种植地区较广，我国南北各地均能种植。

(2)相对其他蔬菜作物，辣椒投资较少，产量高，单位面积经济效益高。

(3)可以规模化连片种植，也可与玉米、果树、小麦、棉花等大田作物间种和套种，不仅能使辣椒获得增产，还充分利用了土地，增加经济效益。

(4)辣椒的种植技术较易掌握，通过培训、实习及示范，能很快掌握其栽培技术，并且生产过程中管理相对省工，产品上市持续时间长。

(5)通过规模化种植，可以满足以辣椒为加工原料的厂商需求，如辣椒酱、干椒粉制、脱水加工、腌渍等初加工产品可以获得更高的经济效益。进一步深加工如提取辣椒的色素物质(辣椒红素、辣椒黄素、辣椒玉黄素等)和辣味物质(辣椒素、辣椒碱、高辣素)等高附加值工业产品，具有较大的开发价值和市场空间。

三、我国辣椒主产区及品种类型

近年来，我国辣椒种植面积和年产量不断增长，除常规露地栽培外，保护地种植面积也在不断扩大。采用日光温室、塑料大棚、拱棚等种植，可延长辣椒供应期，提高单位面积经济效益。由于辣椒商品果实较耐贮运，随着我国交通运输业的发展，快速运输网络已见端倪，交通运输状况显著改善，全国已形成六大辣椒主产区：

（1）南方冬季辣椒北运主产区。主要包括海南、广东、广西、云南、福建等5省区，该产区利用天然温室的气候优势生产辣椒，销往北方市场，丰富了北方地区尤其是寒冷冬季的市场供应。主要有黄皮羊角椒、绿皮羊角椒、灯笼形甜椒、圆锥形甜椒、线椒、泡椒等品种类型。

（2）京北及东北露地夏秋辣椒主产区。主要包括河北省张家口、承德，内蒙古赤峰、开鲁及东北三省，该产区利用夏季气候凉爽的特点生产辣椒，成为京、津地区和东北各大城市夏秋淡季甜椒供应的主要来源，也是我国夏秋季部分辣椒产品南运即北椒南运产地。主要有黄皮牛角椒、厚皮甜椒、韩国类型干椒、彩椒等品种类型。

（3）高海拔地区夏延辣椒主产区。主要包括甘肃、新疆、山西等地，该产区利用高原气候优势生产辣椒东运和南运，补充东部和南部地区的夏秋淡季甜椒的供应。有加工干椒、厚皮甜椒、螺丝椒、泡椒等品种类型。

（4）湖南、贵州、四川和重庆嗜辣地区的小辣椒、高辣度辣椒主产区。主要包括湖南的攸县和宝庆，贵州的遵义、大方、花溪和独山，四川的宜宾、南充和西昌，重庆的石柱。主要有线椒、干椒、朝天椒、羊角椒等品种类型。

(5)北方保护地辣椒生产区。主要包括山东、河北、辽宁等华北地区温室、大棚辣椒，其种植面积增长迅速，利用保护地设施优势为春提前和秋延后的辣椒生产提供保障。主要有彩椒、早熟甜椒、厚皮甜椒、牛角椒、粗羊角椒等品种类型。

(6)华中河南、安徽、湖北、河北南部、陕西等主产区。露地栽培是以簇生朝天椒(天鹰椒)和线椒(8819 干椒)为主，麦茬椒以绿皮羊角、泡椒为主，春季设施栽培以早熟泡椒、甜椒为主，秋延后拱棚以泡椒为主。

四、我国辣椒种植面积及产量情况

近年来，我国辣椒、甜椒种植总面积基本稳定在 150 万～220 万公顷。

(1)干制及加工型辣椒。干制及加工型辣椒种植面积 100 万公顷左右，主要包括簇生、单生朝天椒类，线椒类，益都红和金塔类干椒以及地方品种如小米椒、丘北线椒等。该类品种常规品种占 85%以上。华北、西北干椒(羊角、簇生朝天椒每亩产量 200～300 千克)。

(2)鲜食类辣椒品种。鲜食类辣椒种植面积 60 万公顷左右，包括羊角椒、牛角椒、绿泡椒、红泡椒、韩国 404 类型、部分线椒等，主要采用露地、拱棚、大棚和温室种植。该类品种杂交种占 95%以上。北方保护地常规栽培每亩辣椒产量 3000～4500 千克；北方露地栽培每亩辣椒产量 2000～3500 千克；南方露地栽培每亩辣椒产量 3000～4500 千克。

(3)鲜食类甜椒品种。鲜食类甜椒种植面积 40 万公顷左右，包括京甜 1 号类型甜泡椒和灯笼型甜椒及彩椒类。该类品种杂交种占 98%以上。主要有北方设施栽培、露地栽培、南菜北运基地露地、云南拱棚和露地种植。山东寿光温室甜、彩椒长季节栽培每亩产量4000～6500千克；北方保护地常规栽培甜椒每亩产量3000～4500千克；北方露地栽培甜椒每亩产量2000～3500千克；南方露地栽培甜椒每亩产量3000～4500千克。

第二章　辣椒的整地与播种育苗

第一节　辣椒土壤种植及整地要求

辣椒属喜温蔬菜。在热带和亚热带地区，可成为多年生植物，在我国一般为一年生栽培作物。除海南省及广东省南部地区辣椒可以露地越冬栽培外，其他地区冬季都要枯死。如果加以保护越冬，到第二年也可重新生枝抽芽、开花结果，但其生长势及产量较低。

一、辣椒适宜栽培土壤类型

辣椒对土壤的选择并不严格，各类土壤都可以栽植，但要品种适宜才能获得预期效果。土质黏重、肥水条件较差的缓坡红壤土只宜栽植耐旱、耐瘠的线形椒。土质疏松、肥水条件较好的河岸（或湖区）沙质壤土栽植大果型品种能够获得果实大、产量高的效果。面积广大的水稻田土宜于种植中等果型的牛角椒品种，利于稳产、保收。

辣椒对土壤的酸碱性反应敏感，在中性或弱酸性（pH 值在 6.5～7.5 之间）的土壤上生长良好。

应选择土层深厚、富含有机质、背风向阳、能灌能排的地块，深翻 35～40 厘米。因为辣椒的根群大多分布在 30 厘米左右的表土层中，耕作太浅，根系无法向下伸展，而且肥料也容易流失。

二、整地要求

辣椒一般采用育苗移栽的方式，在定植前半个月要进行整地。整地要求深翻1～2次，深度需达30厘米，并抢晴天晒土降低土壤湿度，提高地温，最后一次翻地在定植前7～10天进行。畦宽一般1.1米（连沟），畦面要做成龟背形。若进行设施栽培，大棚农膜应在定植前10～15天覆盖。

第二节　辣椒主推品种

一、辣椒的种类

辣椒按果形可以分为樱桃椒类、圆锥椒类、长角椒类、簇生椒类和灯笼椒类等五大类，目前普遍栽培的是灯笼椒类和长角椒类品种。按果实辣味，可分为甜椒类型、半（微）辣类型和辛辣类型三大类。根据成熟期的差异可将辣椒分为早熟、中熟、晚熟品种。

1. 半（微）辣类型

多属于长角椒类或灯笼椒类，植株中等，稍开张，果多下垂，为长圆锥形至长角形，先端凹陷或尖，肉厚，味辣或微辣，作为炒食、腌食、酱食均可，适合多数人的口味。这类品种主要分布在长江中下游各地。

2. 辛辣类型

植株较矮，枝条多，叶狭长，果实朝天簇生或斜生，细长呈羊角形或圆锥形，先端尖，果皮薄，种子多，嫩果绿色，老果红色或黄色，辣味浓。可加工成辣椒粉或干辣椒，分布地区较广，以西南、中南各省栽培面积最大，品种极丰富，如朝天椒、

羊角椒等。

3. 甜椒类型

属于灯笼椒类，植株粗壮高大，叶片肥厚，卵圆形。花大，白色，果柄短粗，果实大，呈现扁圆、椭圆、柿子形或灯笼形，顶端凹陷，果皮浓绿，有3～4条纵沟，老熟后果皮呈红色或黄色，肉厚，味甜，宜作鲜菜炒食。在华北、华东及东北等地区均有栽培。

二、选择品种的原则

我国南北各地栽培辣椒比较普遍。近些年，在生产上推广使用的几乎都是杂交品种，它们的抗病性、丰产性、商品性和对环境的适应能力各有所长。作为商品生产，选择一个适宜的品种对生产者来说是非常重要的。现把选择品种的一些原则简单介绍如下：

1. 要充分考虑到消费群体的食用习惯

由于各地的消费习惯不同，人们对辣椒的果型、辣味程度、果实色泽、果肉厚度等都有着不同的要求，比如湖北、江西、江苏等地多数人喜欢大果型的微辣椒，形状是粗长马嘴，肉厚偏薄。东北、华北等地的人，喜欢大果型的甜味椒，但是近些年，稍带微辣型的尖椒越来越受到北方人的喜爱。但同是微辣型的尖椒，大羊角椒就比粗大牛角椒在一些地方更受欢迎。而在东南沿海和港、澳地区，消费者更喜欢果肉厚、果个中等、光亮翠绿的甜味椒。所以生产者在选用品种时，必须注意到消费地大多数人的食用习惯。

2. 要正确对待品种的丰产性

辣椒的丰产性直接关系到生产者的收入，在农产品短缺的年代，生产者往往特别看重品种的丰产性。但当农产品基本满足需求之后，消费者越来越注重起辣椒商品质量，因此，生产者在选用品种时，首先必须注意到它的质量，然后再看它的产量表现，即要顺应潮流把辣椒生产从“产量效益型”转变为“质量效益型”。

选用品种还需要注意品种对栽培季节和栽培设施条件的适应性。有些品种在温室大棚里可能是个丰产的好品种，但是在露地栽培时产量可能就很低。同样，适于露地栽培的丰产品种，可能在保护地里由于植株长势过于旺盛，造成严重落花落果而大面积减产。同是在保护地里栽培辣椒时，比如早春茬、延秋茬，它们对品种的要求是不一样的，必须因茬次而选用。另外，北方露地栽培的丰产品种，有的在南方地区可能因为不适应炎热多雨的条件而减产。所以，选用品种时这些方面都应该考虑周全。

在栽培辣椒时，有经验的农民往往使用上一年经过自己试种过的种子，同时把当年新买的种子进行小面积的试验，并妥为保存，这样可以避免大的失误。

3. 特别注意品种的抗病性

由于辣椒连作，辣椒的病害日趋严重。选用抗病性好的品种，不仅可以降低生产成本，也是进行无公害生产所要求的。辣椒的病害比较多，比如枯萎病、病毒病、青枯病、疫病、软腐病、疮痂病、日烧病等，到目前还没有一个品种兼抗这么多种病害。应该说，不同的品种对上述病害的抗性是有明显差异的，必须根据不同栽培茬次发生的主导病害，选用对路品种。比如，塑料大、中棚秋延栽培，其育苗时间正在炎热多雨的7月，病毒病往往会导致栽培失败，因此必须选用抗病毒病能力强的品种。

4. 注意品种的耐热性和耐寒能力

在湖北各地，大棚和露地早春茬辣椒栽培，要选择耐冷性强和耐弱光的早熟品种；越夏和秋季栽培，要选择耐热性和抗病毒能力强的品种。由于湖北夏季炎热多雨，夏季来得快，往往造成叶片脱落，落花、落果，植株早衰。

北方越冬一大茬栽培的辣椒需要经历一年之中最寒冷的季节，冬春茬辣椒有的需要在严冬时节定植，因此选用品种时必须注意它们的抗寒性或耐低温能力。

5. 果实的耐贮和耐运输性

目前建立辣椒生产基地，实行专业化生产，有的炎夏南运，有的隆冬北运，都对品种的耐运输和耐贮藏能力提出了比较高的要求。特别是塑料大、中棚的延秋辣椒，通常需要挂秧保鲜 2 个月以上，必须选用特别耐贮藏的品种；还有如湖北高山辣椒，采收后要装箱运输到全国各地，所选择品种的耐贮和耐运输性要强。

6. 栽培设施及栽培季节

保护地设施栽培要求早熟、耐低温、抗病、丰产的品种，宜选择与之相应的品种，如新佳美、津椒 2 号、大将、青峰、佳丽等品种；延后栽培及反季节栽培，宜选择耐热、抗病毒病、丰产性品种。

三、辣椒优良品种

1. 半(微)辣类型

(1)佳美 2 号。

品种来源：湖北省农业科学院经济作物研究所选育的早熟、丰产兼用品种。

特征特性：极早熟，植株生长势较强，株高 50 厘米，叶片绿色，少茸毛，单叶互生，分枝力强，分枝处有紫色斑块；果实长 18 厘米左右，果实横径 4.5～5.5 厘米，单果重80～100 克，果形长灯笼形，果肩微凹渐平，果顶凹陷带尖，3 心室，单果重 50 克左右，商品果色浅绿色，味微辣；耐病性较强，采收期较长。

栽培要点：适宜做春秋保护地栽培。长江流域 10 月上中旬播种，保护地 2—3 月定植，露地 3 月底至 4 月初定植，每亩栽 3500 株。采用保护地设施栽培效果更佳。

适宜地区：长江流域适合早春大棚、地膜覆盖、露地栽培和高山栽培。

(2)薄皮王。

品种来源：湖北省农业科学院经济作物研究所选育的早熟、丰产兼用品种。

特征特性：果实长灯笼形，果色翠绿，果皮皱，皮薄质脆，微辣，果长 17～19 厘米，果横径 5～6 厘米，单果重 70～80 克，大果可达 120 克。前期结果集中，果实生长速度快，开花后25 天左右即可采收。适于保护地早熟栽培和春夏季露地栽培。

栽培要点：适宜做春秋保护地栽培。长江流域 10 月上中旬播种，保护地 2—3 月定植，露地 3 月底至 4 月初定植，每亩栽 3500 株。采用保护地设施栽培效果更佳。

适宜地区：长江流域适合早春大棚、地膜覆盖、露地栽培和高山栽培。

(3)佳丽。

品种来源：湖北省农业科学院经济作物研究所用早熟甜椒自交系和早熟大果型羊角椒自交系配制成的杂交一代品种。

特征特性:果实长16～18厘米,果实横径4.5厘米左右,果肉厚0.3厘米左右,果形长灯笼形,果肩微凹渐平,3心室,单果重50克左右,商品果色浅绿色,味微辣。每亩产4500千克左右。

栽培要点:适宜做春秋保护地栽培。长江流域10月上中旬播种,保护地2—3月定植,露地3月底至4月初定植,每亩栽3500株。采用保护地设施栽培效果更佳。

适宜地区:长江流域适合早春大棚、地膜覆盖、露地栽培和高山栽培。

(4)豫艺墨玉大椒。

品种来源:河南农业大学林学园艺学院推出的特大果高抗病牛角椒新品种。

特征特性:早中熟,叶片深绿,株高50～65厘米,植株开展度65厘米,分枝上有浓密白色小茸毛,果实为粗长牛角形,顶部多为钝圆,果长20～25厘米,横径4～5.5厘米,单果重120～180克,大果可达250克,单株可同时结150克的果15个以上,稳产丰产性能突出。成熟果面光滑,外观漂亮,商品性好,植株生长势强,耐高温、抗病毒病和疫病能力强,每亩产量4500千克。

栽培要点:湖北地区大棚栽培,于10月中下旬育苗,翌年3月下旬定植,并加盖地膜、小拱棚。行距60厘米,穴距30厘米,每穴1株。

适宜地区:长江流域适合露地栽培和高山栽培。

(5)鄂椒1号。

品种来源:湖北省农业科学院经济作物研究所选育的杂交一代品种。

特征特性:中熟,植株生长势强,株高80厘米,开展度

65 厘米，叶片卵圆形，先端渐尖，单叶互生，绿色无茸毛，始花节位 9～10 节，花冠白色，花萼平展，果实为牛角形，果长 11 厘米左右，果横径 3 厘米左右，肉厚 0.4 厘米，平均单果重 42 克，平均单株结果数 36.3 个，果实 3 心室，果形顶端钝尖，肉质脆，微辣，耐热性强，耐病毒病和日灼病，耐贮运。每亩产量 4000 千克左右。

栽培要点：湖北地区越夏栽培，于 3 月中旬育苗，5 月上中旬定植，行距 60 厘米，穴距 30 厘米，7—11 月收获。

适宜地区：长江流域露地越夏栽培、油麦茬栽培及广东、广西、海南秋冬栽培。

(6)鄂椒 2 号。

品种来源：湖北省农业科学院经济作物研究所选育的杂交一代品种。

特征特性：中熟，植株生长势强，株高 60 厘米，开展度 65 厘米，叶片卵圆形，先端渐尖，单叶互生，绿色无茸毛，始花节位 9～11 节，分枝处有紫色斑块，花冠白色，花萼平展，果实为牛角形，长 20 厘米左右，肉厚 0.4 厘米左右，单果重为39 克左右，果形顺直，顶端钝尖，肉质脆，较辣。抗日灼病，耐高温，高温下结果无间歇性，每亩产量 3200 千克左右。

栽培要点：湖北地区越夏栽培，于 3 月中旬育苗，5 月上中旬定植，行距 60 厘米，穴距 30 厘米，7—11 月收获。

适宜地区：长江流域露地栽培、越夏栽培及广东、广西、海南秋冬栽培。

(7)湘研 11 号。

品种来源：湖南省蔬菜研究所选育的极早熟杂交品种。

特征特性：株高 48 厘米，株展 56 厘米左右。株型紧凑，分枝多，节密，节间短，第 1 花着生 10～11 节。极早熟，从定

植到采收41天左右，前期果实从开花到采收约17天。果实粗牛角形，果长12.5厘米，横径3.7厘米，果肉厚0.28厘米。果实深绿色，平均单果重34.2克左右。果皮较薄，肉细软，微辣，风味佳，品质上等，以鲜食为主。一般每亩产量2500千克左右。

栽培要点：该品种适于保护地早熟栽培，保护地育苗，带花定植，参考株行距为40厘米×45厘米；施足基肥，每亩需施饼肥150千克，磷、钾标准化肥各100千克。定植后至开花前追施稀粪水2次，第一批果坐稳后及每次采收后各追肥1次，以稀猪粪加钾肥为好。苗期防猝倒病、灰霉病、立枯病，成株期防蚜虫、烟青虫危害。

适宜地区：长江流域适合早春大棚、地膜覆盖栽培。

(8)湘研13号。

品种来源：湖南省蔬菜研究所选育的湘研3号的更新换代品种。

特征特性：株高52.5厘米，株展64厘米左右。植株生长势中等，第1花着生在13节左右。果实大牛角形，果长16.4厘米，果横径4.5厘米，果肉厚0.4厘米，单果重58～100克。果形外观漂亮，果大、果直，果表光滑，果肉厚，果实饱满，微辣，风味好。该品种从定植至采收约需48天，始花至采收约27天。挂果性强，坐果率高，采收期长，长江流域春季栽培可达130天，一般每亩产量3500～4500千克。

栽培要点：施足有机基肥，一般每亩施腐熟有机农家肥6000～7000千克，磷肥100千克，追肥应注意增施钾肥。参考株行距0.4米×0.6米。

适宜地区：可作长江流域秋延后栽培和广东、广西、海南南菜北运基地栽培。

(9)苏椒5号。

品种来源：江苏省农业科学院蔬菜研究所选育的早熟杂交一代品种。

特征特性：早熟，耐低温、弱光，果实发育快，连续结果能力强。果型大，长灯笼形，一般单果重40克，大的65克，果实大小10厘米×4厘米。结果后期果实仍大于同类品种，产量高，大棚栽培每亩产量3500千克。该品种耐寒、耐病，抗烟草花叶病毒病及炭疽病。适合早春保护地栽培。参考行株距40～47厘米×33厘米。

栽培要点：施足有机基肥，一般每亩施腐熟有机农家肥6000～7000千克，磷肥100千克，追肥应注意增施钾肥。参考株行距0.4米×0.6米。

适宜地区：可作长江流域早春大棚或露地栽培。

(10)早杂2号。

品种来源：江西省南昌市蔬菜科学研究所选育。

特征特性：株高56厘米，株展63厘米×54厘米，长势较强。叶色深绿，果实牛角形，果长10～13厘米，横径3厘米左右。果面光滑，商品成熟果深绿色，单果重25克左右，果肉厚0.2～0.3厘米。较抗炭疽病、病毒病、青枯病。早熟，宜小拱棚及露地栽培，每亩产量2000～3000千克。

栽培要点：湖北地区，10月中下旬冷床播种，3月下旬至4月上旬露地定植，高畦栽培，每亩栽3000～3500株。

适宜地区：可作长江流域早春露地栽培。

2. 辛辣类型

(1)香帅B。

品种来源：湖北省农业科学院经济作物研究所育成的杂交一代辣椒品种。

特征特性：株型较紧凑，生长势强，果实细长羊角形，果长28～32厘米，果横径1.5厘米，果肉厚0.2厘米，单果重22克左右，果面光滑，椒条较直，青果黄绿色，红果鲜艳。对病毒病、炭疽病、疮痂病抗性强。

栽培要点：深沟高畦单株双行定植，每亩种植3300～3500株，亩施生物菌肥1000千克。定植成活后轻施一次提苗肥，重点在结果期追肥，共追肥3～4次。勤采勤收，综合防治病虫害。

适宜地区：长江流域适合春秋大棚、露地栽培和高山栽培。

(2)香帅C。

品种来源：湖北省农业科学院经济作物研究所育成的杂交一代辣椒品种。

特征特性：植株生长势强，株型较紧凑，果实细长羊角形，果长26～30厘米，果横径1.4厘米，果肉厚0.2厘米，单果重20克左右，果面光滑，椒条较直，青果黄绿色，红果鲜艳。对病毒病、炭疽病、疮痂病抗性强。

栽培要点：深沟高畦单株双行定植，每亩种植3300～3500株，亩施生物菌肥1000千克。定植成活后轻施一次提苗肥，重点在结果期追肥，共追肥3～4次。勤采勤收，综合防治病虫害。

适宜地区：长江流域适合春秋大棚、露地栽培和高山栽培。

(3)枫香114。

品种来源：湖北省农业科学院经济作物研究所育成的杂交一代辣椒品种。

特征特性：果实细长羊角形，果长28～32厘米，果横径

1.6 厘米,单果重 22 克左右,果面光滑,椒条较直,青果深绿色,红果鲜艳,辣味浓,品质好。

栽培要点:深沟高畦单株双行定植,每亩种植 3300～3500 株,亩施生物菌肥 1000 千克。定植成活后轻施一次提苗肥,重点在结果期追肥,共追肥 3～4 次。勤采勤收,综合防治病虫害。

适宜地区:长江流域适合春秋大棚、露地栽培和高山栽培。

(4)湘研 9 号。

品种来源:湖南省蔬菜研究所选育的耐贮、早熟、丰产杂交一代品种。

特征特性:植株生长势强,株型紧凑,株高 52 厘米,株展 55 厘米。分枝力强,节间短。第 1 花着生在 11～13 节。果实为牛角形,深绿色,果长 17 厘米,果横径 2.5 厘米,果肉厚 0.26 厘米,平均单果重 32 克。果实皮光无皱,形直无弯,辣味适中。该品种 5 月中旬始收,从定植到采收 48 天左右,前期果实从开花到采收约 22 天。耐寒,抗病性强,每亩产量 2500 千克以上。

栽培要点:广东等地利用稻田复种,可于元旦采收,大量北运,产量高于保加利亚尖椒 30%以上。要施足基肥,勤于追肥。

适宜地区:该品种是针对我国南菜北运基地而育成的专用品种,适应于我国海南、广东、广西冬季及滇南、黔南、川南早春露地栽培,也适合其他嗜辣地区做早熟、丰产栽培。

(5)湘研 19 号。

品种来源:湖南省蔬菜研究所选育的早熟杂交一代品种。

特征特性:株型紧凑,节间密。株高 48 厘米,株展 58 厘米。

在低温下不落花落果,能正常挂果生长。商品性、贮运性好。果实长牛角形,果长16.8厘米,横径3.2厘米,肉厚0.29厘米,单果重33克。皮光无皱,辣味适中,肉质细软,果形直,果实空腔小,果肉厚,适于贮运。早熟、丰产,较南菜北运主栽品种保加利亚尖椒早熟15天,产量高30%。该品种是针对我国南菜北运基地而育成的专用品种。

栽培要点:施足基肥,勤于追肥。参考株行距0.4米×0.5米。

适宜地区:适用于海南、广东、广西冬季及滇南、黔南、川南早春露地栽培,也适合其他嗜辣地区做早熟、丰产栽培。

(6)镇椒6号。

品种来源:江苏省镇江市蔬菜研究所选育的杂交一代品种。

特征特性:果实羊角形,青熟果绿色,老熟果鲜红色,果面光滑,果纵径16.8厘米左右,果横径2.5厘米左右,果肉厚0.2厘米左右,平均单果质量36.7克,味辣。不易早衰,田间对病毒病、炭疽病的抗性优于对照云丰椒,耐热性较强,前期产量高,每亩总产量3500千克左右。

适宜地区:适于长江中下游及江苏地区早春露地种植,也可用于秋季保护地延后栽培。

(7)香帅。

品种来源:湖北省农业科学院经济作物研究所。

特征特性:中早熟,果实长羊角形,果色鲜红,味辣,果长26厘米,果横径1.6厘米,果肉厚0.15厘米,果面光滑,单果重15克,抗病性强,产量高。

适宜地区:适于湖北地区栽培。

(8)湘辣4号。

品种来源:隆平高科湘研蔬菜种苗分公司。

特征特性:株高56厘米左右,植株开展度94厘米,植株生长势旺。果实羊角形,果实纵径19.5厘米,横径1.79厘米,肉厚0.22厘米,果面光滑,果皮较薄,肉厚中等,果形较直,整齐标准,商品成熟果为绿色,生物学成熟果深红色,平均单果质量17.4克,最大单果质量21.0克,果实味辣,风味好。坐果率高,采收期长,一般每亩产量2500千克左右。抗炭疽病,耐疫病、病毒病,适于湿润嗜辣地区作加工盐渍、酱制栽培或鲜食丰产栽培。

适宜地区:适于湖南、江西作早春露地栽培。

(9)枫香。

品种来源:湖北省农业科学院经济作物研究所。

特征特性:中熟、植株生长强,分枝性强。叶色绿,果实细长羊角形,果长23～27厘米,果横径1.8厘米,单果重22克左右,果面光滑,椒条较直,青果深绿色,红果鲜艳,辣味浓,品质好,抗病性、抗逆性好,丰产性好。

3. 甜椒类型

(1)中椒2号。

品种来源:中国农业科学院蔬菜花卉研究所培育的杂交一代甜椒品种。

特征特性:株高68厘米左右,株展73厘米。第1花着生平均在10～11节。果实长灯笼形,平均纵径8.8厘米,横径5.7厘米。果色深绿,果面光滑,果柄不弯,3～4个心室,果肉厚0.35～0.41厘米,单果重50～117克,在北京地区定植后35～40天开始收获,平均每亩产量2600～4000千克。

栽培要点:在湖北地区春季栽培时,前期生长弱,栽后要

以促为主，不要蹲苗。要小水勤浇，随水追肥，力求使茎叶充分生长，为后续结果打下基础。果个大，容易发生坠秧现象，需及时采收。

(2)中椒4号。

品种来源：中国农业科学院蔬菜花卉研究所培育的杂交一代甜椒品种。

特征特性：植株生长势强，株高56.4厘米，株展约55厘米。叶色绿，第1花着生在12～13节。果实灯笼形，果色深绿，果面光滑，单果重120～150克，肉厚0.5～0.6厘米。味甜质脆，品质好，耐病毒病。中晚熟，每亩产量4000～5000千克。

栽培要点：湖北地区一般在10月下旬播种，2月下旬定植于大棚。整地时可作1米宽的小高畦，每畦定植2行，穴距30厘米，每亩栽4200穴，每穴1株，每亩施优质有机肥5000千克。追肥要注意少施勤施。在生长季节要注意防蚜虫、茶黄螨和烟青虫危害。

(3)甜杂1号。

品种来源：北京市蔬菜研究中心选育的杂交一代甜椒品种。

特征特性：植株生长势强，第11～12节着生第1花序，坐果率高。果实圆锥形，绿色，单果重50克，果肉厚0.4厘米，味甜，品质好。耐烟草花叶病毒。早熟种，每亩产3000～5000千克。

栽培要点：适应塑料大棚等保护地栽培。穴距30厘米，每穴1株，每亩栽4500穴左右，注意水肥管理，及时采收，防止倒伏。及时防治蚜虫、茶黄螨及棉铃虫危害。

(4)甜杂2号。

品种来源：北京市蔬菜研究中心选育的杂交一代甜椒

品种。

特征特性：植株生长势强，茎叶绿色，多三杈分枝。第11节左右着生第1花，坐果率高。果实灯笼形，绿色，单果重50克。果肉厚0.35厘米，味甜，品质好。早熟种，每亩产2000～3000千克。

栽培要点：适应塑料大棚等保护地栽培。湖北地区10月上旬育苗，2月下旬塑料大棚内定植。穴距30厘米，每穴1株，每亩栽4500穴左右，5月上旬开始收获。注意水肥管理，及时采收，防止倒伏。及时防治蚜虫、茶黄螨及棉铃虫。

(5)农大40甜椒。

品种来源：中国农业大学园艺系育成。

特征特性：植株直立，株型紧凑，株高70厘米，株展50厘米。茎秆粗壮，叶色深绿，叶片长16厘米，叶宽6厘米。主茎第10～12节着生第1朵花，同一节位可着生1～2朵花，果实长灯笼形，心室3～4个，果实长10～12厘米，横径8～12厘米，嫩果为浅绿色，有光泽，老熟果红色，果肉脆甜，果肉厚0.5～0.6厘米，单果重150～200克，果实近花萼部位多平展。偏中晚熟品种，生长势强，果实发育迅速，抗病毒病，耐热。丰产性好，每亩产量4000～5000千克。

栽培要点：同上。

(6)湘研17号。

品种来源：湖南省蔬菜研究所选育的杂交一代早熟甜椒品种。

特征特性：株高47厘米，株展52.5厘米。果实灯笼形，表皮光滑，肉厚，无表皮沟或沟浅。果皮绿色，果实长8.7厘米，横径5.8厘米，肉厚0.4厘米，单果重50克。耐涝。

栽培要点：针对该品种挂果多且集中的特点，注意增施基

肥，及时采摘，及时追肥。参考株行距0.4米×0.4米。

栽培要点：同上。

(7)海花3号。

品种来源：北京市海淀区植物组织培养技术实验室育成。

特征特性：早熟品种。植株较矮小，株型紧凑，连续结果能力较强。耐病，果实长灯笼形，绿色，果面较光滑，果肉厚0.4厘米，单果重50克。每亩产量2500～4000千克。

适宜地区：适于湖北塑料棚早春栽培。

(8)世界冠军。

品种来源：从国外引进的甜椒品种。

特征特性：植株生长强壮，株高55厘米，株展45厘米，叶大，深绿色。门椒着生在10～11节。果实长灯笼形，深绿色，单果重200克以上。味甜，品质好，耐贮运。晚熟，每亩产量2500～3000千克。

适宜地区：东北、长江中下游、华南等地栽培。

第三节　辣椒主要栽培茬次安排

我国地域辽阔，南北跨度大，气候条件差异显著，南北方辣椒栽培茬次和生育期存在明显差别。根据气候特点可以分为四大栽培区。

一、东北、蒙新和青藏蔬菜单主作区

本区包括黑龙江、吉林、辽宁北部、内蒙古、新疆、甘肃、陕西北部、青海和西藏等。该区的气候特点是冬季寒冷，全年有3～5个月平均气温在0℃以下，无霜期只有3～5个月。一年之中雨量少或稀少，夏季温度低，喜温和喜凉性蔬菜同时在露

地生长。一年之中只能在露地栽培一次生长期较长的蔬菜，因而当地露地蔬菜供应呈现冬春半年淡、夏秋半年旺的状况。但这一地区，特别是西部高原地区，冬季日照充足，有利于发展日光温室生产。

二、华北蔬菜双主作区

该区包括辽宁南部、河北、北京、天津、山东、山西、陕西和甘肃南部、江苏和安徽的淮河以北地区。本区为温带半干旱气候区，1 月平均气温在 0℃以下，冬季有冰冻。全年无霜期 200～240 天，一年降水量 400～750 毫米，多集中在 7—8 月。7 月平均气温 20～28℃，形成了雨热同季和夏季炎热多雨、冬季寒冷干燥的气候特点。一年之中露地蔬菜可栽培 2 茬，典型的茬口安排是：春夏季栽培茄果类、瓜类和豆类等喜温性蔬菜；夏季换茬栽培根菜、大白菜等冬贮喜冷凉性蔬菜。该地冬季晴天较多，日光温室、大小暖窖和塑料棚蔬菜栽培比较发达。但黄淮地区常遭受连阴雾天袭害。给本地日光温室发展带来了很大困难。本区露地蔬菜市场供应存在两淡（夏、冬）两旺（春夏、秋冬）现象，由于棚室蔬菜的发展，如今蔬菜的供应状况明显好转。

三、长江流域蔬菜三主作区

本区包括四川、重庆、贵州、湖南、湖北、陕西的汉中盆地、江西、安徽和江苏的淮河以南地区、浙江、上海和广东、广西、福建三省的北部地区。本区气候温和多雨，1 月平均气温 0～12℃，7 月 24～30℃，无霜期 240～300 天，全年有 8～10 个月的月平均气温在 10℃以上。冬季多轻霜，很少有冰冻。年降水量 1000～1500 毫米，且夏季雨量最多。本区适于露地

蔬菜栽培的时间很长，一年之中露地可栽培主茬蔬菜有三茬：喜温性的番茄、黄瓜、菜豆等，可春作、秋作栽培；大白菜、小白菜、萝卜等喜冷凉性蔬菜则作为秋作；越冬茬可栽培耐寒的菠菜、乌塌菜、小白菜等。冬季栽培的主要保护设施多以塑料大、中棚为主，夏季则以遮阳网、防虫网栽培为主。和华北双主作区一样，在露地蔬菜市场供应上，一年之中也存在“两淡两旺”的问题。

四、华南蔬菜多主作区

本区主要包括广东、广西、福建、台湾、海南等地，属于亚热带和热带夏雨气候区，全年温暖无冬。1月平均气温12℃以上，全年无霜。由于生产时间长，同一种蔬菜一年可以栽培多次，喜温的茄果类、某些瓜类和豆类，甚至好热的西瓜、甜瓜，也可以在冬季栽培。但夏季高温多雨夹带风暴，往往形成蔬菜供应的夏淡季。

第四节　辣椒的播种与育苗技术

现在辣椒栽培主要采用育苗移栽方式进行生产，育苗需要投入一定的人工和设备，它与直播相比具有很多优点：早春利用保护设备，在低温严寒季节人为创造幼苗生长所需的环境条件，培育出壮苗，等气候条件适合辣椒生长时，可以提早定植，延长辣椒生育期，起到早熟丰产作用；育苗使幼苗集中在小面积苗床上生长，便于管理，缩短占地时间，提高土地利用率；节省种子，降低成本。

一、品种选择

应选择抗病、优质、高产、商品性好、适合市场需求的、适合相应茬口的品种，或者选用已通过审定且当地生产已证实的优质、高产新品种。

二、选择适宜育苗设施

各地根据不同气候条件、不同栽培茬口，选用阳畦、温室、温床、大棚、中棚、小棚、防虫网、遮阳网等育苗设施，因地制宜进行育苗，有条件的地方可采用基质穴盘育苗或工厂化育苗，尽量创造适合秧苗生长发育的环境条件。下面简单介绍一些育苗设施：

（一）阳畦

阳畦是只靠阳光增温而无其他人工加温设施的冷床。主要在华北、西北地区应用广泛，长江流域应用较少，只作简单介绍。

由风障、畦框、覆盖物三部分组成。阳畦一般在初冬上冻之前造好。选择背风向阳，距水源近的地方，按东西向延长，先垒畦框，边垒边踩实，先北框，再东西两侧，最后南框。在北框外侧立一道风障（可由篱笆、披风草、土背三部分纫成）。覆盖物有透明覆盖物（农用塑料薄膜或玻璃）和不透明覆盖物（蒲席等）两种。

育苗播种前将畦土由南半畦翻到北半畦，将土堆成斜面，以便阳光充分晒土。播种前为促使土壤解冻，白天敞开晒土，夜间盖席保温，然后将充分腐熟的农家肥平铺于畦底，用刨和耙将表土层与肥料均匀掺合并搂平，盖好薄膜增温，准备播种。

(二)温室

温室种类很多,按屋面采光材料不同可分为玻璃温室及塑料薄膜温室;按加温与否可分为加温温室和日光温室;按结构不同可分为单屋面、双屋面、单屋面二折式、单屋面三折式。

目前生产上应用最多的为塑料薄膜温室。根据有无加温设备,可分为塑料薄膜加温温室和塑料薄膜日光温室。主要在北方地区利用,长江流域应用较少,塑料薄膜加温温室既可用于早春育苗,也可用于冬季喜温蔬菜栽培。

塑料薄膜温室有较厚的北土墙,竹木或钢筋的拱架上覆盖塑料薄膜,使它能充分采光和严密保温,温室内按东西向做畦,平整畦面后在畦内施肥配制营养土或摆入营养钵。

(三)温床

温床主要有酿热温床和电热温床两种。

1. 酿热温床

酿热温床是一种比较简易的育苗设备,除具有阳畦的防寒保温设备以外,还利用酿热物来补充日光加温的不足,我国南北各地均有应用。

温床是由床框、覆盖物、床坑、酿热物等四部分组成。床框可用木框、土框、砖框等,在阳畦底部挖成床穴,填入酿热物即可。

床坑用来填充隔热层、酿热物和培养土等物。将床坑内温度最低的南部挖深 35～50 厘米,而北部深 30～35 厘米,中部偏北处深 25 厘米左右,通过酿热物的厚度来调节温床内局部温差。酿热物发热的温度高低和持续时间,取决于酿热物中微生物(对发热起主要作用的是好气性细菌)的活动能力,而好气性细菌的活动能力又取决于酿热物中碳、氮、氧、水分的含量。所以可以通过选择酿热物的种类(营养成分不同),

调节酿热物的紧实度及水分状况来维持温床适宜的发热时间和温度。

酿热物可分为高温酿热物和低温酿热物。高温酿热物有马粪、饼肥、鲜厩肥等；低温酿热物有牛粪、猪粪、稻草、麦秸、干青草、城市垃圾等。

北方地区一般用马粪作为酿热物，马粪碳氮比适宜，用马粪掺杂少量其他有机物，透气好，发热快，初期酿热温度高，早春一般 7 天温度可升高到 70℃，然后温度很快降到 50℃，以后温度下降缓慢，并维持时间较长，较适于栽培早春喜温蔬菜。

南方地区一般以猪、牛粪等低温酿热物为主，同时掺入部分人粪尿、鸡粪、羊粪等高温酿热物混用。播种前 10 天开始铺酿热物。先在床底铺稻草等隔热，再铺酿热物。酿热物的厚度 20～40 厘米，酿热物必须是新鲜没有发酵过的，填充时酿热物的含水量以 65％～75％为宜。酿热物填充时要踏实，全床紧实要一致。紧实度不均时，发热不匀，疏的地方发热快但不持久。铺好酿热物后白天盖透明覆盖物，晚上加盖蒲席以保温和增温。当酿热温床温度达到 45℃时，在酿热物上盖一层薄土，然后施底药，以防地下害虫。随后将准备好的培养土填入床内，培养土厚度为：播种床 12～13 厘米，分苗床 14～15 厘米。当地温达到 20℃时就可播种。

酿热温床虽成本低，但发热量有限，且酿热物供应有限，不能大面积使用。

2. 电热温床

电热温床是依靠电加热线给苗床加温，并装有控温仪，可以实现苗床温度的自动控制，不仅温度均匀，而且温度稳定可靠，育苗效果较好。可根据不同的天气和辣椒生长需要控制

温度，结合阳畦、塑料拱棚和温室等保护设施进行育苗。

(1)选择电热线。据试验，电热线效果较好的是上海农业机械研究所实验厂生产的 DV 系列电热线，长度为 60～120 米，功率为 800～1000 瓦。电热线的功率根据苗床面积来确定。南方每平方米苗床需要电热线功率 60～70 瓦，北方地区则需要 80～100 瓦。为了安全可靠，一般在电热线上接有控温仪，控温仪可选用上海生产的 UMZK 型(能自动显示温度)或农用 KWD 型控温仪。

(2)建床。床址必须选择在靠近电源的地方。在选好的床址上，挖深 25 厘米、宽 1 米的长方形床池，长度一般 10～15 米。在池底铺 5～10 厘米厚的麦秸、稻草或草木灰作为隔热材料，铺平踏实，再盖上 2 厘米左右厚的土。

(3)铺设电热线。当苗床面积和电热线长度已知后，便可根据下式计算出布线条数和线距。

布线条数＝(电热线长－2×床宽)÷床长 (取偶数)

线距＝床宽÷(布线条数＋1)

取 10 厘米长的小木棍，根据线距插在床池的两端，每端的木棍条数与布线条数相等。先将电热线的一端固定在床池一端最边的一根木棍上，手拉电热线到另一端挂住两根木棍，再返回来挂住两根木棍，如此反复进行，直到布线完毕。最后将引线留在苗床外面。铺设电热线时应注意：电热线功率是额定的，不可剪断或连接使用；电热线加热部分和接头必须埋在土中；苗床边缘容易散热，铺线时应将边缘稍密一点，中间稍稀一点。

电热线布完后，接一个控温仪，在床池中盖上 2～3 厘米厚的土并踏实，以埋住和固定电热线。这时可将两端的木棍拔出。然后通电，证明线路连接准确无误时，可以用于育苗。

三、苗床准备及配制营养土

(一)苗床准备

应选择背风向阳、疏松肥沃、排灌方便、最近三年来未种过茄科作物的土地,先深翻晒垡,细碎土壤。如果用大棚、中棚、小棚或温室等育苗,苗床应建立在里面。

一般种植一亩辣椒需准备6～7平方米的苗床,25～40平方米分苗畦,或5000个营养钵。苗床做成宽1～1.2米,长5～6米,四周筑土埂,埂高6～10厘米,宽15厘米的低墒高埂。

(二)营养土配制

培养土由园土(或大田土壤)和优质腐熟的有机肥(或河泥、塘泥)配合而成。园土与有机肥的比例为6∶4,另加0.5%的过磷酸钙和0.5%的复合肥充分混匀。一般每10平方米的播种床,需培养土0.3立方米。

用杀菌剂消毒后堆沤15天左右待用。一般每平方米苗床(播种床,分苗床)用50%多菌灵或50%托布津5～7克,均匀拌入13～15千克培养土中,撒于苗床表面。

配制营养土时,一定要将土打碎、过筛,并混合均匀。配好的营养土可直接铺于畦内,平整消毒后待用。也可将营养土装入营养钵或育苗盘中。

四、种子处理

(一)晒种

选取饱满、有光泽的种子,播前将种子放在太阳光下晒2天。

(二)种子处理

为使辣椒种子出芽快而整齐,增强秧苗的抗逆性,播种前可对种子进行处理。

1. 温汤浸种及药剂处理

晒过的种子用55℃的温水烫种,并不断搅拌,直到水温降至30℃为止,当温度下降到30℃时停止搅动,让其自然降至常温。为了增强杀菌防病效果,将经烫种处理后的种子,搓洗干净,再用3%磷酸三钠浸种20分钟,或用1%次氯酸钠浸种5～10分钟,可杀死种子表面病毒、炭疽病、早疫病、枯萎等病原菌。种子经药剂处理后要用清水淘洗数遍,然后置于常温水中浸种4～8小时,然后取出种子,洗掉种子表皮的黏液并沥干水分,然后用湿润的毛巾包好。

浸种时间与种子的陈旧、水温等有关,新种子和水温较高时浸种时间可偏短。

2. 低温和变温处理

低温和变温处理有利于出苗整齐,促进发芽提高幼苗的抗寒力。低温处理也称冷冻处理,即把浸胀的种子,放在0℃左右的冷冻环境中1～2天,再进行催芽;变温处理即把将要发芽的种子每天在1～5℃的低温下放置12～18小时,接着移到18～22℃的较高温下放置6～12小时,反复进行数天,再进行正常催芽。

3. 干热处理

浸种前将干燥的种子置于70℃恒温箱中干热处理3～5天,可杀死种子所带的病菌,特别是对防止病毒病效果较好。正确地掌握处理的时间和温度,不会降低种子的发芽率。

(三)催芽

将浸好的种子,捞出后反复搓洗种子表皮的黏液,直到无辣味进行催芽。把催芽的种子装入清洁的大碗或小盆中，上面盖湿毛巾，温度控制在28～30℃，每天翻动2～3次，用清水淘洗一次，一般3～7天种子露白，温度降到20℃左右使芽粗壮，待70%左右露白即可播种。

在适宜发芽温度条件不能满足时，可用恒温箱、电热毯、体温等方式催芽。

催芽时间不能过长，以免芽子过长，播种时易折断。如遇天气等特殊原因要推迟播种可使催芽温度降到5～10℃，使发芽推迟。

五、播种

(一)播种期的确定

播期的确定应根据各地的定植期、育苗的条件和技术而定。

如湖北地区早春大棚栽培，应在10月中旬至11月中下旬播种，并采用大苗龄定植。一般辣椒苗龄为70～90天，9～14片叶时定植，所以播种期可由定植期减去苗龄推算出来。

以非早熟为栽培目的，在生长期允许的范围内，可采用相应较小的幼苗定植，适当晚播。

(二)播种量

一般品种亩用种量100～150克。

(三)播种方法

可采用落水撒播法播种：播前先浇足底水(底水浇透并存5厘米左右的明水)，待明水渗后撒上一层(约0.3厘米厚)过筛的培养土作为垫土，再将催芽的种子均匀撒播在苗床上，然后再覆盖0.5～1厘米厚的培养土。一般10平方米的播种量

掌握在150克左右为宜。

根据不同季节气候条件，分别选用不同的育苗设施。如电热温床、大棚、小拱棚、地膜、遮阳网、稻草、松毛等。

有条件的可采用育苗盘播种育苗，营养土装入育苗盘，育苗盘不能装得太满，应留出1～1.5厘米，以便播种时覆土和出苗时再覆细潮土。播种前育苗盘用喷壶浇透水。

六、苗期管理

育苗床的温度和湿度管理是培育壮苗的关键。生长健壮的幼苗应该下胚轴短粗，子叶肥大，根系发达，无病虫害。

（一）温度管理

播种至出苗保持日温28～30℃；幼苗拱土时降至27～28℃，夜温18～20℃；出苗后白天25～28℃，夜温逐渐由20℃降至15～17℃。

分苗后缓苗时白天气温应保持在25～30℃，夜温18～20℃。缓苗后白天气温20～25℃，夜间气温15～18℃。定植前7～8天要逐渐降温，对幼苗进行炼苗，白天温度可降到20℃，夜间可降到12℃，但不要低于10℃。

一般按照“晴天高，阴天低；白天高，夜间低；出苗前和分苗缓苗前高，出苗后、分苗缓苗后低”的原则进行管理。播种后立即用盖膜等措施尽量提高床内温度，使其迅速出苗。晴天维持在28～30℃，阴天20℃左右，昼夜温差5～10℃，但夜温不得低于15℃。应注意以下几点：当白天气温大于要求温度时开始通风，切忌过快、过大、过猛；苗子“跪腿”时要适当降低温度，于中午撒一层（约0.3厘米厚）培养土，既可“脱帽”，又可弥补苗床土壤缝隙保墒；当幼苗出齐，子叶基本展开至第一片真叶露尖，应适当降低温度，防止幼苗徒长，下胚轴过长，形成高脚苗；分苗前2～3天进行低温炼苗，利于分苗后的缓苗，白天可逐渐降到20℃，夜间气温降到10℃。

(二)水分管理

出苗前一般不浇水。

出苗后至分苗前要控制浇水，“宁干勿湿”。若床土显干，可于晴天上午浇水，最好用洒壶喷水，切忌湿度过大，既要有充分的水分供应，又要防止水分过多造成幼苗徒长和猝倒病等的发生。当苗床湿度过大时，可覆干细土或干草木灰吸湿，同时加强通风换气，以减少土壤和空气湿度。

分苗前一天苗床浇透水，分苗时要“随起苗，随移栽，随浇水”。分苗后当幼苗明显缺水时，选晴天中午适当浇水。

(三)分苗

为改善幼苗生长的通风透光条件，当幼苗生长到两叶一心时要及时分苗。如分苗太晚，幼苗过分拥挤，易引起幼苗子叶黄化脱落或幼苗细弱徒长，同时分苗可切断主根，有利于侧根的发生。

分苗前低温炼苗2～3天，分苗前一天，苗床浇一次水，以利起苗。一般采用暗水分苗法，按8～10厘米的行距开浅沟，深4～5厘米，要“随起苗，随移栽，随浇水”，苗应摆直，根需舒展，株距8厘米，乘墒稳苗，保持床面平整，做到下湿上干，表土疏松。也可直接分苗到营养钵或营养盘内，装入营养土，栽好幼苗后浇水，以浇透营养钵为度，每穴1～2苗。

(四)分苗床管理

根据分苗后幼苗的生长状况和栽培管理的特点，可把分苗床管理分为缓苗期、幼苗旺盛生长期和炼苗期三个阶段。

1. 缓苗期

分苗后一周内，应保持较高的温度以利于缓苗。平均地

温为18～20℃，白天气温25～30℃，夜间20℃。当地温低于15℃时，不利于根系恢复生长。

分苗后5天，土壤可及时中耕一次，在幼苗四周中耕深约3厘米。1周后幼苗新叶开始生长时，表明幼苗已开始发生新根，此时可适当通风降温，以防幼苗徒长。

2．旺盛生长期

缓苗后幼苗根系恢复生长，为防止徒长，温度要适当降低，白天气温20～25℃，地温16～18℃，夜间气温15℃，地温13～14℃。

新叶开始生长后，随气温升高，苗床水分蒸发增加，应适当浇水，每次浇水水量不宜过大，浇水后要及时中耕，以利于减少水分蒸发，提高地温，减少空气湿度和病害发生，此时中耕以不伤根为度，宜浅中耕。

分苗床中应以培养土和施入大量有机肥作为基肥，苗期一般不再追肥，可在定植前15～20天追1次化肥，以利于定植后生长，一般浓度为0.2%的尿素或复合肥，随水施入。如苗床下部叶片发黄脱落，表明肥水不足，应及时追肥浇水，也可进行叶面施肥，通常喷施浓度为0.1%～0.2%的尿素或磷酸二氢钾水溶液。

在气温条件满足的情况下，要逐步早揭晚盖覆盖物，尽量增加幼苗光照时间，在阴天也要掀开覆盖物。

3．炼苗期

定植前为增加幼苗对早春低温等不良环境适应性，要对幼苗进行低温锻炼。定植前7～10天，逐步降温至白天气温15～20℃，夜间5～10℃，在幼苗不受冻害的限度内，应尽可能地降低夜温。但低温锻炼应逐步进行，不能突然降温过度，以免幼苗受冻害。

低温锻炼时，白天逐步揭开覆盖物，逐步加大通风量，定植前 3～4 天，尽量使幼苗处于与准备定植地的条件相一致的环境条件下。

定植前 2 天进行叶面喷药喷肥，做到带肥带药定植，可喷 0.2%的磷酸二氢钾，75%的百菌清可湿性粉剂 600 倍液，10%吡虫啉可湿性粉剂 3000 倍液，进行喷施，育壮苗防治病虫。

第三章　辣椒生长发育特点

第一节　辣椒的生长发育阶段及特点

辣椒的生长发育主要分为以下四个阶段。

一、发芽期

发芽期指从种子发芽到第一片真叶出现（破心）。种子的养分物质贮藏于胚乳，整个胚（胚根、胚芽、子叶）被胚乳所包围。发芽最初胚根开始生长，子叶仍停留在种子中从胚乳吸取贮藏营养物质，进而弯曲的下胚轴开始生长，穿过覆土层把子叶带到地表上。在正常温度条件下，经催芽播种后一般 5～8 天出土。出土后 15 天左右出现第 1 片真叶。

发芽期影响因素主要有：温度、湿度、通气条件及覆土厚度等。相同品种，同等条件下，较大而均匀充实的种子能产生整齐一致幼苗，而且出苗较早，早出现的幼苗生长势强，具有较好的生产效果。

二、幼苗期

幼苗期指从第 1 片真叶出现到花蕾显露。幼苗期长短会因育苗方式和管理水平不同而有差异。一般阳畦育苗其日历苗龄为 70～90 天，温床或温室育苗多为 60～70 天，温度适宜条件下不分苗时仅为 40～50 天。但是在实际生产上，冬季育苗时，南北方都有日历苗龄在110天左右，有的甚至150天以上的做法。虽然辣椒种子较小，贮藏的营养物质不多，但完成从异养生长到自养生长的转变比较快，因为辣椒发芽后根系生长迅速，最初根系生长占较大优势。辣椒幼苗期经历两个不同的阶段：

（一）基本营养生长阶段

基本营养生长阶段指辣椒真叶3～4片前，即花芽分化前的阶段，这阶段的营养生长为花芽分化及进一步营养生长打下基础，同时子叶与展开的真叶所形成的成花激素，对辣椒花芽分化有明显的促进作用。因此，子叶大小及质量直接影响第一花序分化的早晚，而真叶叶面积大小及质量则影响花芽的质量。所以培育肥厚、深绿色的子叶及较大的真叶面积是培育壮苗所不可忽视的基础。

为了扩大幼苗的营养面积而进行的分苗移栽应在花芽分化前进行，多强调在3叶或3叶1心前进行，这样不仅可以使根系免受伤害，早恢复，同时也不影响花芽分化的进行，一旦分苗缓苗后植株即开始花芽分化。

（二）花芽分化及发育阶段

播种后35～40天，幼苗长出3～4片真叶、茎粗0.15～0.2厘米时，花芽开始分化，进入幼苗期的第二个阶段，即花芽分化及发育阶段。这时幼苗及根系的相对生长率显著下降，表现出生殖发育对营养生长的抑制作用及因生长中心的转移各器官生长的激烈调整。但是，上述的变化很快会得到恢复，恢复的快慢及恢复程度与育苗条件有关。从这时开始，辣椒的营养生长与生殖生长将同时进行，而且营养生长是生殖生长的基础。

适于花芽分化的温度是24℃左右。温度适宜时花芽分化

早，着生节位低，开花也早；温度过高时花芽素质差，温度过低或苗床施用钾肥多时花数少，着生节位高。自然日照比长日照下形成花芽快，花数多，花的素质好，坐果率亦高。有人观察，当植株长有 11 片真叶时，花芽已形成 28 个。

创造良好条件，防止幼苗徒长和老化，保证幼苗健壮地生长及花芽的正常分化及发育是这阶段栽培管理的主要任务。

三、开花坐果期

开花坐果期是指门椒花出现大蕾至着果的阶段，一般历时较短，多为 20～30 天。是辣椒从以营养生长为主过渡到营养生长与生殖生长同时进行的转折时期，直接关系到产品器官的形成及产量，特别是早期产量。此期管理的关键是协调营养生长与生殖生长的矛盾。

四、结果期

结果期指从门椒坐住果到结果结束。该时期开花和结果是交替进行的，果、秧同时生长，营养生长与生殖生长的矛盾始终存在，营养生长与果实生长的高峰相继周期性地出现，而且坐果也呈现周期性的变化。

进入结果期，正在生长的果实对生殖器官的发育影响表现为：当植株结果数增加时，新开花的质量就要降低，结实率下降。如果将果实摘除，减少单株上果实数或缩短果实生长期，花的质量就会提高，开花数和结实率可恢复正常。单株结果负担量的多少，决定着花素质的好坏，花素质的好坏又决定着下一轮单株结果负担量的大小，这样就形成了结果呈周期性波动。

进入结果期，正在生长的果实对茎叶生长影响也很大。

与未结果实的植株比较，开花后10天采收果实的植株，其根重和地上茎叶重量都显著降低；开花后30天采收果实的植株，根、茎、叶重量降低更为严重。如果把幼蕾从开始一直坚持依次摘除，则地下根和地上茎叶则会一直保持旺盛生长状态。由此可见，开花结实对辣椒植株生长发育是一个负担，叶子中的同化产物能够优先向果实运转。

因此，在辣椒生长前期（结果前），要创造良好的条件促使茎叶生长；开始结果后，则要根据植株的营养生长状况决定采收期。结果初期，由于植株营养体较小，适时早摘果对保证植株健壮生长、增加开花数和提高结实率有着重要意义。

第二节　辣椒对环境条件的要求

辣椒属喜温蔬菜。在热带和亚热带地区，可成为多年生植物，在我国一般为一年生栽培作物。除海南省及广东省南部地区辣椒可以露地越冬栽培外，其他地区冬季都要枯死。如果加以保护越冬，到第二年也可重新生枝抽芽、开花结果，但其生长势及产量较低。

一、温度

辣椒属喜温性蔬菜，不同生长发育阶段对温度的要求不同。

辣椒种子发芽适宜温度为25～30℃，温度超过35℃或低于10℃都不能较好地发芽。25℃时发芽需4～5天，15℃时需10～15天，12℃时需20天以上，10℃以下则难于发芽或停止发芽。辣椒幼苗具有3片以上真叶时，其耐低温的能力显著增强，在5℃以上不受冷害。

辣椒生长发育的适宜温度为20～30℃，白天保持20～25℃；夜温以15～18℃为宜，这样能使幼苗缓慢健壮生长，子叶肥大，对初生真叶和花芽分化有利。温度低于15℃时，植株生长缓慢，难以授粉，易引起落花、落果；高于35℃，花器发育不全或柱头干枯不能受精而落花，即使受精，果实也不能正常发育而干萎，低于5℃则植株完全死亡。适宜的昼夜温差为6～10℃，以白天26～27℃、夜间16～20℃比较合适。这样的温度可以使辣椒白天能有较强的光合作用，夜间能较快地把养分运转到根系、茎尖、花芽、果实等生长中心，并且减少呼吸作用对营养物质的消耗。

果实发育和转色，要求温度在25℃以上，所以冬季保护地栽培果实变红很慢。

二、水分

辣椒是茄果类蔬菜中最耐旱的作物，一般小果型辣椒品种比大果型的甜椒更为耐旱，即使在无灌溉条件下也能开花、结果，虽然产量较低，但仍可有一定收成。大果型品种耐旱能力较弱，水分供应不足常引起落花落果，有果亦难以肥大。

辣椒在各个生育期的需水量不同。种子只有吸收充足的水分才能发芽，但辣椒种皮较厚，吸水慢，一般催芽前要先用温水浸泡种子6～8小时(不能太长也不能太短，太短吸水不充分，发芽不理想，太长造成养分流失，影响种子活力)，使种子充分吸水，促进发芽。幼苗期植株尚小，需水不多，如果土壤水分过多，土壤通气性差，根系发育不良，植株长势弱。移栽后，植株生长量大，需水量随之增加，要适当浇水，但仍要适当控制水分，以利地下部根系伸展发育，初花期要增加水分，特别是果实膨大期，需要充足的水分，如果水分供应不足，果实膨大慢，果面皱缩、弯曲、色泽暗淡，甚至降低产量和质量。所以在此期间供给足够的水分，是获得优质高产的重要措施。在多雨季节，要挖好排水沟，做到畦土不积水。

辣椒对空气湿度也有一定要求，一般以60%～80%为宜。空气湿度适宜时辣椒生长良好，坐果率高。幼苗期，空气湿度过大，容易引起病害。初花期和盛花期湿度过大会造成落花，空气过于干燥，也会造成落花落果。

三、光照

辣椒属于中光性作物，只要温度适宜、营养条件好，在光照长或光照短的条件下都能开花、结果。辣椒的光饱和点为3万勒克斯，光补偿点为1500勒克斯。

辣椒对光照强度的要求因生育期而不同。种子有厌光性，在黑暗条件下容易发芽。幼苗生长则需要良好的光照条件，当光照强度达不到辣椒的光饱和点(弱光)时，幼苗节间伸长，叶薄色淡，抗性差；强光时，幼苗节间短，茎粗，叶厚、色深，抗性也强。开花着果期需要充足的光照，保证较高的同化率，促进果实正常膨大。过强的光照往往伴随高温，不但不能提高同化率，而且会影响它的生长发育，所以炎热夏季要注意在畦面覆盖和灌溉降温。

四、养分

辣椒对氮、磷、钾等肥料都有较高的要求，此外，还要吸收钙、镁、铁、硼、钼、锰等多种微量元素。整个生育期中，辣椒对氮的需求最多，占60%，钾占25%，磷占15%。在各个不同的生长发育时期，需肥的种类和数量也有差异。幼苗期生长量小，需肥量也相对较小，但肥料质量要好，需要充分腐熟的有

机肥和一定比例的磷、钾肥，尤其是磷、钾肥能促进根系发达。辣椒幼苗期就进行花芽分化，氮、磷肥对幼苗发育和花的形成有显著的影响。氮肥过量，易延缓花芽的发育分化，磷肥不足，不但发育不良，而且花的形成迟缓，产生的花数也少，并形成不能结实的短柱花。

移栽后，对氮、磷肥的需求增加，合理施用氮、磷肥可促进根系发育，为植株旺盛生长打下基础。一般在初花期，枝叶开始发育，需肥量不太多，可适当施些氮、磷肥，促进根系的发育。此期氮肥施用过多，植株容易发生徒长，推迟开花坐果，而且枝叶嫩弱，易感各种病害。初花后对氮肥的需求量逐渐增加。盛花坐果期对氮、磷、钾肥的需求量较大，氮肥供枝叶发育，磷肥、钾肥促进植株根系生长和果实膨大以及增加果实的色泽。

辣椒的辛辣味受氮、磷、钾肥含量比例的影响。氮肥多，磷、钾肥少时，辛辣味降低；氮肥少，而磷、钾多时，则辣味浓。因此，在生产管理过程中，适当掌握氮、磷、钾肥的比例，不但可以提高辣椒的产量，并可改善其品质。一般大果型品种如甜椒类型需氮肥较多，小果型品种需氮肥较少。

辣椒为多次成熟、多次采收的作物，生育期和采收期较长，需肥量较多。除基肥外，一般每采收 1 次施 1 次肥，多在采收前 1～2 天施用。还可根据植株的生长情况施给适量钙、镁、铁、硼、钼、锰等多种微肥，如花期叶面喷浓度为 0.2％硼肥，可加速花器官发育，增加花粉，促进花粉萌发、花粉管伸长和受精，但浓度千万不能过量。

缺少不同的元素，在植株上会表现出不同的缺素症状。缺钙症状常发生在果实上。缺镁症状表现为叶脉间缺绿或变黄，严重时坏死，另外叶片变硬、变脆，叶脉扭曲，植株生殖生长推迟，多出现在老叶上。缺铁症状与缺镁相似，幼叶出现缺绿症状，多数情况下缺绿都是发生在叶脉之间。缺铜时生长矮小，幼叶扭曲变形，顶端分生组织坏死；如果叶片中铜浓度过高，就会产生铜元素毒害症。缺锌后，叶脉间缺绿、黄化或白化，植株节间变短，老叶缺绿（有时嫩叶也缺绿），叶片变小，类似病毒症状；当锌离子过量时，植株表现为根伸长生长受阻，嫩叶出现缺绿症。

第四章　辣椒水肥管理及绿色栽培技术

第一节　辣椒的水肥管理

辣椒的生长期较长，又是多次采收。因此，在重施基肥的基础上仍必须多次追肥。一般的做法是，苗期轻施一次“提苗肥”，但氮肥不宜过多，以防营养生长过旺、生殖生长受抑而造成落叶、落花。进入结果期，营养生长与生殖生长同时进行，应加大追肥次数和数量，保证植株继续生长和果实膨大的需要。如果在结果期缺肥，则果实失去光泽，而且产生大量皱褶，表皮发硬，品质下降。一般在采收2次辣椒后追肥一次，每次每个标准大棚追施复合肥3千克，可采用穴施或条施。施肥后应加强通风，避免氨毒害。如果采用膜下滴灌装置施肥，则效果更好。

在水分管理上，缓苗后应适当控制水分，以促进根群深扎土层，减缓地上部分生长，起到蹲苗的作用，使植株矮壮。初花坐果时只需适量浇水，以协调营养生长与生殖生长的关系，提高前期坐果率。大量挂果后，必须充分供水，因为此时缺水会导致果皮皱皮弯曲，色泽暗淡，影响产量和质量，一般土壤相对湿度应保持在80%左右，满足果实发育的需要。有条件的地方，在保护地设施内可安装滴管装置，利用滴灌装置补充水分。

第二节　辣椒绿色高效栽培技术

一、辣椒大棚春季栽培技术

1. 播种育苗

(1)播种季节。要实现春季大棚辣椒早上市，在长江中下游地区一般在9月下旬至10月中旬。在辣椒的早熟栽培中，培育适龄壮苗至关重要，而这种适宜苗龄必须建立在设施条件的基础之上。也就是说，辣椒的播种期的确定必须考虑到苗龄适宜时能否及时定植，及时定植的关键是栽培设施及保温管理措施。

(2)育苗设施。9—10月播种的辣椒，在其幼苗期，一般不需要加温设施，只要具备保温、避雨条件即可，但假植后，苗床必须具备较好的保温设施，必要时还需要加温设施。

(3)营养土的配制。辣椒育苗营养土的配制与前面基本相同。

(4)种子处理。为提高成苗率和培育壮苗，播种前应进行种子处理。其具体方法是：先晒种2～3天，以消灭附着在种子表面的病菌和病毒，然后将种子浸入55℃温水，经15分钟，再用35℃左右的温水继续浸泡2～3小时；为保险起见，还可用1%硫酸铜溶液浸5分钟，但浸后一定要用清水将药液冲洗干净。最后置培养箱、催芽箱或简易催芽器中催芽。催芽温度25～30℃，催芽时间3～4天，待70%种子露白时即可播种。辣椒也可用干种子播种，即经过消毒（如温水浸种）的种子，晾干后播种。

(5)播种及播种后的管理。播种前将播种床整平，上面铺

4～5厘米厚的营养土，浇足底水，使8～10厘米的土层处于湿润状态，然后撒播。播种后覆盖1～1.5厘米疏松的营养土或腐熟垃圾泥，并搭小拱棚，用薄膜覆盖，或铺零星稻草后覆盖地膜，以保温保湿。

辣椒种子的千粒重为4.5～4.7克，一般每平方米苗床可播种25～30克，每个标准大棚栽培用种子8克左右。

当有30%的种子出苗后，及时揭去地膜、稻草，并适当通风透光，降低苗床温度，促进秧苗的光合作用。如果出现种子戴帽现象，可适当撒干土。假植前3～4天适当进行秧苗锻炼，加强通风，白天温度控制在19～25℃，夜间控制温度在13～15℃。

(6)假植。当有2～3片真叶时即应假植，每个营养钵假植1株。假植应选晴天进行，边假植边浇水，如果当时气温过高，小棚上可用草帘或遮阳网适当遮阳降温，以避免灼伤幼苗。假植后随即用小拱棚覆盖，保温保湿4～5天，棚内温度保持28℃左右，以促进新根发生。

(7)假植后的管理。假植后，需要适当提高地温，即保证地温达18～20℃，日温要求达25℃，提高空气相对湿度，以促进还苗。还苗后要适当降温2～3℃。定植前一星期左右，可进入炼苗期，夜温降至13～15℃，并控制水分和逐步增大通风量。

苗期遇寒冷天气，应在大棚内套盖小拱棚保温，小拱棚可用两层薄膜加一层保温材料(如草包、麻袋等)覆盖，以增强保温能力。如有条件，也可增设电加温线增温，每个标准大棚(180平方米)内埋设4根1千瓦的电加温线即可。一般气候条件下，不必加温；当冷空气南下，气温下降到－3～－2℃，或遇连续的低温阴雨天气时，晚上必须进行加温。

秧苗假植并还苗后，如棚内温度超过25℃，要加强通风，每天应及时揭开大棚内的小棚薄膜，并适当揭开大棚膜，增强秧苗抗逆性。应强调的是，即使遇连续的雨雪天气，小棚薄膜也应每天揭开，以增强透光，提高光合作用能力，增强秧苗抗性。

秧苗前期浇水要勤，低温季节要适当控制浇水，做到钵内营养土不发白不浇水，要浇就要浇透水。浇水应选晴天午后进行。秧苗缺肥可结合浇水施肥，肥料可用尿素、复合肥。

苗期病害主要有猝倒病、灰霉病、菌核病，主要害虫有蚜虫、蓟马、茶黄螨、红蜘蛛等，应及时防治。

2. 整地定植

(1)整地施基肥。整地至少应在定植前半个月进行。整地要求深翻1～2次，深度需达30厘米，并抢晴天晒土降低土壤湿度，提高地温，最后一次翻地在定植前7～10天进行。畦宽一般1.1米(连沟)，畦面要做成龟背形。大棚农膜应在定植前10～15天覆盖。

施基肥与整地作畦相结合。辣椒早熟栽培宜施大量优质腐熟的有机肥，并加入适量人粪尿与过磷酸钙，这不仅能保证养分供应，而且能改良土壤，减轻病虫害。每个标准大棚(180平方米)基肥的施用量为腐熟堆肥1000～1300千克，过磷酸钙和饼肥分别为27千克和20千克或复合肥13千克。一般采用沟施法，即在畦中间挖一深沟，将基肥均匀施入，然后整平畦面。沟施基肥利于秧苗根系及时吸收养分，以促进植株的迅速生长，提高早期产量。

(2)定植期。辣椒的早熟栽培中，因有较好的保护条件，受气候因素的影响较小，定植期主要是依据秧苗苗龄大小和天气状况来确定。为便于集中管理和降低生产成本，应提倡

适龄大苗定植。实践证明，在保护地环境中定植辣椒，应具有9～10片真叶，并开始发生分枝，带数个花蕾为宜。

据试验观察，移栽后的辣椒苗，当地表下5厘米深处的地温低于13℃时，发根十分缓慢；地温达到15℃时，3～4天即发生新根；地温达到17℃时，2～3天即发新根；地温达到19℃时，1～2天就发新根。一般年份当土温13～15℃时，一般在11—12月或2月下旬以后；若地膜覆盖，同期地温可比露地提高2～3℃，或者达到该温度的时间一般可分别延迟或提前7～10天；若大棚套中棚套小棚栽培，则分别可延迟或提前15～20天。所以，长江中下游地区，辣椒定植的时间或者在12月上中旬，使外界气温较低时秧苗已经成活，或者在2月下旬以后，一般不宜在12月下旬至翌年1月中旬之间定植。

另外，在宜栽期内，最好有3天以上的晴天，并应争取在“冷尾暖头”抓住好天气及时抢种，不可在大风、大雨天移栽。

(3)定植密度。为改善植株的通风透光条件，宜采取宽行密植。即在宽为1.1米(连沟)的畦面上栽2行，株距30厘米，每穴栽1株，每亩约4200株。定植时大小苗应分级分区定植，以利于定植后的农事管理。定植时强调浅栽，以根颈部与畦面相平或稍高一些为宜。移栽后，可适当浇点根肥，并覆盖地膜，然后覆盖小棚膜，以利保温，促进新根发生，及早还苗。

3. 田间管理

(1)温湿度管理。定植后5～7天，为促进缓苗，应保持较高的空气湿度，不通风，而且要力争做到日温达25～30℃，夜温达15～20℃，地温在16℃以上，有利于新根的发生和促进对养分的吸收。缓苗期后，植株进入正常生长阶段，生育适温白天为20～25℃，夜温不低于15℃，夜间地温不低于13℃。

开花结果初期遇低温寒潮天气要注意保温。为了达到上述温度要求，夜间常需要进行多层覆盖，包括不透明覆盖材料。白天大棚内气温在 25℃以上时即应进行揭膜通风，以防植株徒长，并能起到加强光照的作用；晴天一般是在上午 9—10 时开始揭膜通风，到下午 3—4 时停止通风；阴天同样必须通风，但通风时间可略为缩短。随着温度的提高，通风时间应适当延长，当夜间气温在 15℃以上时，可昼夜通风。进入 4 月下旬至 5 月上旬后，可将大棚裙膜拆除。

（2）肥水管理。一般在采收 2 次辣椒后追肥一次，每次每个标准大棚追施复合肥 3 千克，可采用穴施或条施。施肥后应加强通风，避免氨毒害。如果采用膜下滴灌装置施肥，则效果更好。一般土壤相对湿度应保持在 80%左右，满足果实发育的需要。有条件的地方，在保护地设施内可安装滴灌装置，利用滴灌装置补充水分。

（3）防止落花、落果、落叶。一般来说，辣椒落花、落果、落叶是一种生理现象。即在花柄或叶柄的基部组织形成一离层，与着生组织自然分离脱落，而不是机械损伤。引起离层形成、造成落花落果落叶的原因很多，如花器官雌、雄蕊及胚珠发育不良或缺陷，开花期间的干旱、多雨，低温（15℃以下）及高温（35℃以上），日照不足或肥料使用不当等都可造成辣椒不能正常授粉受精而落花、落果。此外，病虫害、有害气体或某些化学药剂也能造成大量落花、落果和落叶。

辣椒落花、落果、落叶主要通过农业综合防治措施：包括耐低温、耐弱光品种的选择，合理密植，科学施肥，加强水分管理，及时防治病虫害以及使用生长调节剂等。防止落花落果的措施除了要加强栽培管理外，对于因低温引起的落花最有效的措施是适时地应用植物生长调节剂。常用的植物生长调节剂在2,4-D、复方2,4-D、防落素(PCPA)等,使用的浓度因根据植株的生长势、温度等加以调节。

(4)调整植株。大棚栽培的辣椒,一般长势较旺,为防止倒伏,可在每株辣椒旁插上一根小竹竿,以支撑植株,也可在畦沟两侧距地面40厘米处架一道铁丝或横杆防止辣椒倒伏,并便于田间作业。为了改善通风透光条件,保持理想的个体及群体结构,需对辣椒调整,减少营养物质的消耗,调节营养生长和生殖生长的矛盾。植株调整主要包括摘叶、摘心(打顶)和整枝等。摘叶主要是摘除底部的一些病残老叶,整枝是剪掉一些内部拥挤和下部重叠的枝条,打顶是在生长后期为保证营养物质集中供应果实而采取的有效手段。调整植株都要选择晴天进行,有利于伤口愈合,减少病虫害发生和危害。

(5)病虫害防治。大棚辣椒栽培上的主要病虫害有猝倒病、立枯病、病毒病、炭疽病、疫病,以及蚜虫、茶黄螨、蓟马等,应及时防治。

4. 采收

春季大棚进行辣椒早熟栽培应适时采收。一般前期宜尽早采收,生长瘦弱的植株更应注意及时采收。采收的基本标准是果皮浅绿并初具光泽,果实不再膨大。及时采收既能保证较高的市场价格,又能促进植株继续开花结果。辣椒初次采收一般在定植后30天左右,在开始采收后,每3～5天可采收一次。由于辣椒枝条脆嫩,容易折断,故采收动作宜轻,雨天或湿度较高时不宜采收。通常,春季大棚辣椒栽培在6月下旬至7月中旬即可采收结束,也可根据市场行情提前罢园抢种其他蔬菜。

二、辣椒地膜覆盖栽培技术

1. 地膜覆盖的效果

地膜覆盖，就是将厚度 0.015～0.02 毫米的聚乙烯或聚氯乙烯薄膜盖于畦面，以增加土壤温度，保持土壤水分，加速根系及地上部植株生长发育，实现蔬菜提早成熟，增加产量，提高品质，降低成本，增加经济效益。近年来地膜覆盖栽培发展迅速，在蔬菜生产中应用非常普遍。

辣椒尤其是甜椒，春季露地栽培近年来普遍减产。其原因是早春定植后土温偏低，根系发育不良，植株生长缓慢；高温季节来到时植株尚未封垄，地表温度高，根部容易木栓化，吸水吸肥能力降低，生长失调，引起落花、落果、落叶，植株抗病能力降低，易发病毒病。而早春辣椒露地栽培覆盖地膜，可以明显地提高地温，可使 0～10 厘米的地温比裸地提高 3～6℃，克服由于地温低引起的所有危害，保护辣椒的根系，促进植株生长。覆盖地膜还可减轻雨水冲击，防止土壤板结，促进养分转化，减少养分流失和水分蒸发，减少病虫害，因而可提早上市 7 天左右，产量增加 30%左右。

(1)提高土温。地膜覆盖最显著的效果是提高土温。春季定植初期，覆盖地膜后，0～10 厘米深的地温比不覆盖地膜增高 3～6℃，最多可达 11℃，这对早春辣椒定植后根系的恢复和生长极为有利。根系活力高，可促进植株地上部的生长，在高温干旱气候来到之前，植株已经封垄，阳光不能直射地面，可使地温下降 0.5～1.0℃，最多可降低 3～5℃，保护了辣椒的根系，使植株不因高温干旱而过早衰弱，并增强了对各种病害的抵抗能力，最终促进了辣椒早熟并提高产量。

(2)保持土壤湿度。地膜覆盖可以减少土壤水分的蒸发，

使土壤含水量比较稳定，在辣椒整个生育期可减少灌水次数。早春灌水次数少，可以提高地温。灌水次数的减少，还可以防止土壤养分的流失。而且，由于覆盖地膜不直接在地表浇水，从而畦土不致板结，土壤疏松，容重轻，团粒结构好，土壤通透性也好。

由于覆盖地膜后土壤潮湿、土温增高，有利于土壤微生物的繁殖，加快腐殖质的分解，可使土壤内速效氮素增加50%，速效性钾增加20%。

（3）减少劳力投入。由于覆盖地膜后减少了灌水次数，并可减少中耕，防止杂草丛生，因而能减少灌水、中耕、除草的部分劳力投入。

（4）减少病虫害。由于土壤水分的蒸发受抑制，田间的空气湿度降低，使因湿度过高而引起的病害（辣椒疫病等）发生减少。薄膜的反光对驱除蚜虫的效果也较明显，因而可减少由蚜虫传毒引起的病害。

2. 辣椒地膜覆盖栽培技术要点

（1）品种的选择。地膜覆盖栽培是以早熟丰产为目的，所用品种首先应具有较好的早熟性，那些在裸地栽培中表现较好的早熟品种，都可以用作地膜覆盖密植早熟栽培。较好的品种有洛椒4号、福椒4号、楚椒808、苏椒5号、湘早秀等。

不同地区对椒形有不同的消费习惯，在选择品种时应首先考虑到。

（2）育苗。辣椒地膜覆盖栽培的育苗技术，其方法、时期和步骤，大体与露地栽培的育苗技术相同。但要充分发挥地膜覆盖栽培的作用，培育健壮的幼苗。在育苗方法上最好采用温室育苗，并采用营养钵或营养土方式育苗，以保护根系不受损伤；在苗期管理上，通过温度的调节控制幼苗生长速度，培育壮苗。定植时不但幼苗健壮，而且带有小花蕾，定植后在地膜覆盖的良好小气候条件下，幼苗能很快恢复生长，促进早熟。

(3)定植前的田间准备。定植前的田间准备是地膜覆盖栽培的一个关键。它包括整地、施肥、做畦、铺膜等，以创造一个耕层深厚，水分充足，肥沃、疏松的土壤环境，然后再盖上地膜保护这个环境不被破坏，或者进一步发挥这些良好条件的作用。

施肥。在春季整地前，全面铺施和沟施相结合进行。铺施定量的 2/3 农家肥，另 1/3 沟施，土肥充分混匀，以确保辣椒各生育期对肥料的需求。施肥量一般应比无地膜覆盖的减少 20％～30％氮肥，并适当增施磷、钾肥。

整地做畦。整地质量是地膜覆盖栽培的基础。在充分施用农家肥的前提下，提早并连续进行耕翻、灌溉、耙地、起垄等作业。耕地前先清除前茬秸秆及其他杂物，耕地后如墒情不好则应进行灌溉，待地表见干后立即耙平，碎土，紧接着起垄，随即铺盖地膜。

辣椒多用垄栽，垄的高度一般不超过 15 厘米，过高会影响灌水，不利于水分横向渗透，过低则影响地温的增温效果。垄向一般以南北方向延长为宜，东西向延长光照不均匀，地表温度北侧比南侧低。

铺膜。整地做畦之后，要紧跟着进行铺膜作业，这样有利于保持土壤水分。人工铺膜作业最好 3 人 1 组。首先在垄头将薄膜用土压紧，然后由 1 人将薄膜展开，并拉紧薄膜使其紧贴地面，另 2 人将膜的两侧用土压严，这样才能充分发挥地膜保水、增加地温、抑制杂草生长的作用。

垄沟底一般不覆盖薄膜，留作灌水和追肥用。覆盖地膜

的面积占60%～70%。

在铺盖薄膜之前，要根据垄宽选择适合幅宽的薄膜，以免浪费。辣椒高垄栽培一般选用90厘米宽的地膜。

(4)定植。辣椒地膜覆盖栽培有两种定植方法：一种是先铺膜后定植；另一种是先定植后铺膜。两种方法各有优缺点。先定植后铺膜，是植后灌水，待地面稍干后，按幼苗位置的需要，将薄膜切成十字形的定植孔，然后把苗子从定植孔处套过，再将薄膜平铺于垄上，四周用泥土压紧。这种方法定植的速度较快，但容易碰伤幼苗的叶片，也不容易保持垄面的平整。先铺膜后定植，是按株行距用刀划出定植孔，将定植孔下的土挖出、栽苗，再将挖出的土覆回，压住定植孔周围的薄膜即可。

辣椒地膜覆盖的株行距与不覆膜的相同，但由于覆盖地膜后植株无法培土，故植株应栽在垄背上而不栽在沟内。

关于定植期的确定。由于地膜覆盖并不能避免晚霜或者低温对幼苗的危害，因此，地膜覆盖与无地膜覆盖的幼苗定植期都应该是一样的。

(5)定植后的管理。

1)定植后至盛果期以前的管理。这一阶段以营养生长为主。地膜覆盖可以抑制土壤水分的蒸发，因此，刚定植的幼苗根系弱，外界气温低，地温也低，因此定植时浇水量不宜过大，以免降低地温，影响缓苗。定植后，在辣椒生长前期，灌水量要比无地膜覆盖的少。随后由于地膜覆盖促进了植株的生长发育，植株高大，特别是叶面积大，加大了水分的蒸腾量，所以辣椒生育中期以后，灌水量和次数应稍多于无地膜覆盖栽培，否则植株易遇旱害而早衰。在辣椒生长期由于地膜覆盖，不便于追肥，可用磷酸二氢钾、尿素等进行叶面喷肥。辣椒进入盛花期，开花坐果与空气湿度有关。当空气相对湿度达80%，辣椒坐果率可达52%；空气湿度下降到22%，坐果率只有0.78%。在长江中下游地区，5—6月空气平均相对湿度较大，对辣椒坐果影响极小；在北方地区，5—6月空气平均相对湿度一般在50%～58%之间，个别年份低于40%，对辣椒坐果影响极大。因此，蹲苗期不能太长，及时浇水不仅增加土壤湿度，也可增加田间的空气湿度，有利于开花坐果。第一层果实达到2～3厘米大小时，植株茎叶和花果同时生长，要及时浇水和追肥，每亩施腐熟人粪尿500～1000千克或10～15千克化肥（硫酸铵或尿素）。施肥后应及时中耕，改善土壤的通透性，并提高土壤的保肥能力。

2）盛果期的管理。进入盛果期，植株生长高大，发秧和结果同时进行。为防止植株早衰，要及时采收下层果实，并要加强浇水追肥，保持土壤湿润，以利植株继续生长和开花坐果。进入雨季，植株封垄以前，应进行培土，以防雨季植株倒伏。同时也能降低根系周围的地温，有利于根系发育。结合培土可以追施优质农家肥，如饼肥、麻渣等。在南方地区，高温季节到来之前，为保护根系，可在畦面撒盖一层稻草或麦壳，降低地温。

3）高温雨季管理。南方6月下旬至9月上旬、北方7月至8月中旬是高温干旱或多雨季节，光照强度高，地表温度常超过38℃甚至出现50℃以上高温。地表温度过高会抑制辣椒根系的正常生长。这时期要保持土壤湿润，浇水要勤浇、轻浇，保护辣椒根系越夏，以便高温过后恢复植株生长，出现第二次开花坐果高峰。

辣椒根系怕涝，忌积水。雨季中土壤积水数小时，辣椒根系就会窒息，植株萎蔫，形成沤根死秧。轻者根系吸收能力降

低，导致水分失调，叶片黄化脱落，引起落叶、落花、落果。因此，在雨季前，要疏通排水沟，使雨水及时排掉。暴晴天骤然降雨，或久雨后暴晴，都易造成土壤空气减少，引起植株萎蔫。因此，雨后要及时浇清水，随浇随排，以降低土壤温度，增加土壤通透性，防止根系衰弱。

雨季土壤营养淋失较多，7月上中旬要重施1次化肥，每亩施硫酸铵20～25千克。雨季高温，杂草丛生，要及时清除杂草。

4）结果后期缓秧复壮管理。高温雨季过后的八九月份气温凉爽，日照充足，适合辣椒的生长，是辣椒第二次开花坐果的高峰时期。所以要加强肥水管理，促使发新枝，多结果，增加后期产量。追肥可与浇水交替进行。浇1～2次清水后追施1次速效化肥，每亩10～15千克硫酸铵。每隔7～8天浇1次水，9月以后天气转凉，可追施稀粪水，往后浇水间隔时间应延长。生长好的植株秋后产量可占总产量的30%～35%。

5）中耕除草。地膜覆盖栽培，可不进行中耕除草。一般情况下，如能保证整地、做畦和覆膜的质量，其膜下土壤表面温度可达40～50℃，大部分杂草生长受到抑制。为彻底消灭杂草，定植前可在畦面上喷洒除草剂，浓度要比露地栽培减少1/3。

6）搭架支撑。地膜覆盖栽培辣椒，由于地上部分生长旺盛，土壤疏松，加上生长期不能培土，因而往往容易发生倒伏，应及时搭架支撑。在栽培上应少施氮肥，适当增施磷钾肥，控制灌水量，以防地上部徒长。

7）薄膜的保护。辣椒幼苗定植后，覆盖在畦面上的薄膜常常因风、雨及田间操作等原因遭到破坏，有的膜面出现裂口，有的垄四周跑风漏气，造成土壤水分蒸发，地温下降，失去地膜覆盖的作用。因此,在进行各种田间操作时,要保护薄膜,一旦发现破裂,要及时用土压严。在大风多的地区应夹风障防风。

8)整枝和引枝。传统的辣椒栽培是不需整枝的,在植株放任生长下,一般株冠枝条繁多,植株直立性好,不需支架。但从田间调查来看,主枝的结果率可达 80%,而侧枝仅为 50%且弱。有鉴于此,目前生产上已开始采用整枝技术,多数实行的是四干或双干整枝。对主枝上的侧枝都是在一节时摘心,这样做主枝结果率高。从开花数和花的质量来看,以四枝栽培为好。而从果实膨大来看,又以 2 枝栽培为好。在密植的情况下,为了提高单位面积产量,可以考虑采用双干整枝。据有关资料介绍,在一般常规栽培的情况下,1 平方米土地上栽植 8 株的不如种植 4 株采用双干整枝的产量高。

在实行整枝栽培时,植株的直立性差,对主枝则需要进行扶持或牵引。比较常用的方法是采用单篱壁架,每 2 个单篱壁架用木棍连接起来。也有的采用吊绳的方法,做法是先在栽培行的上方拉上南北向 3 道铁丝,用尼龙线(撕裂膜)吊引枝条,但牵引宜斜向呈 45 度角为好。

(6)采收。半辣型辣椒一般多食用青果。开花后 25～30 天,果实充分长大,绿色变深,质脆而有光泽时即可采收。辣椒是陆续开花结果,需分批分次采收,下层果实应及早采收,以免坠秧,影响上层果实的发育和产量的形成。干制辣椒要待果实完全红熟后采收,红一批收一批。

三、辣椒夏秋栽培技术

在长江中下游地区,3 月中下旬播种,5 月上中旬定植,6 月下旬至 12 月收获;在黄淮海地区,春分到清明播种育

苗，小满到芒种定植，立秋到霜降收获。因此，称夏秋茬栽培，也叫越夏或抗热栽培。这一茬的菜椒集中在天气比较冷凉的9、10月收获，便于长途运输或通过保鲜延迟到秋后甚至元旦供应。

1. 适宜品种

这茬辣椒栽培生长期主要在高温多雨的三伏天，高温多湿容易引起多种病害，因此必须选用耐热、抗病的中晚熟品种。如果安排长途运输和作保鲜处理的，还需要根据销往地的消费习惯，选用果型大、果肉厚、商品性状好、耐贮运的品种。目前比较好的品种有中椒6号、鄂椒1号、湘研16号、湘研10号等。

2. 培育适龄壮苗

（1）育苗时间。这茬辣椒从播种育苗到开花结果需要60～80天。在长江流域、黄淮海地区一般与小麦、油菜籽等夏收作物接茬，育苗一般在3月下旬至4月上旬。种植辣椒有“宁叫苗等地，不叫地等苗”的习惯，故应适期早播，以求主动。

（2）育苗设施。播种床和分苗床都设在露地，但前期温度尚低，需要采用小拱棚作短期覆盖，晚霜过后撤除棚膜。

（3）关键技术。一是为了减少分苗伤根和非生长期，防止引发病害，一般采取一次播种育成苗的办法，因此需要适当稀播。出苗后要分2～3次间苗，到长有1～2片真叶时定苗，苗距达到12厘米左右。每撮留苗多少可视栽培方式而异：与油菜、小麦和大蒜接茬的一般留单株苗；与甜瓜套种的留双株苗；与西瓜套种的留3株苗。二是水分管理要充足，防止因缺水而影响生长。

3．施肥整地

(1)灭茬施肥。上茬作物收获后，要抓紧灭茬施肥，每亩需用优质农家肥 4000～5000 千克，过磷酸钙 50～75 千克，硫酸钾 20～25 千克。底肥普施地面后，深翻整地，起垄或作小高畦，以利排水防涝。

(2)株行距配置。夏秋茬辣椒行株距一般 60 厘米×33 厘米，每穴单株。适当密植，可以早封垄，降低地温，保持地面湿润，创造一个有利于生长的小气候条件，防止日灼发生。

4．定植

(1)时间。选阴天或晴天下午 3 时后进行，尽量减少秧苗打蔫。

(2)方法。起苗前一天浇足水，起苗须多带宿根土，运苗防止散坨，尽量减少伤根。栽后立即覆土，随栽随浇水。缓苗期需要连浇 2～3 水，以降低地温，促进缓苗。

5．肥水管理

(1)追肥。夏秋茬辣椒定植后，科学运用肥水，促进茎叶迅速生长是取得高产丰收的关键。为此，缓苗后要随即追肥浇水，一般每亩用人粪尿 1500 千克或尿素 15 千克，顺水冲入。“门椒”坐住后，再追人粪尿 2500 千克或尿素 25 千克，达到促果又促秧的目的。结果盛期还要追肥 1～2 次，防止植株早衰。

(2)浇水。除了追肥结合浇水外，在整个辣椒生长期间，基本掌握“开花结果前适当控制浇水，做到地面有湿有干；开花结果后，适当浇水，保持地面湿润”的原则。7、8 月温度高，浇水要在早、晚进行，以降低地温，控制病毒病发生。

(3)排涝防灾。遇有降雨田间形成积水时要及时排除；遇有热闷雨后要及时用井水浅浇快浇快排。雨水过多，土壤缺

氧，叶色发黄时，要及时锄划放墒，同时叶面喷洒磷酸二氢钾，以提高植株的抗逆性。

6. 保花保果

“门椒”“对椒”开花坐果时正是高温多雨时期，很容易引起落花落果。为此，当有 30%的植株开花时，需用 25～30 毫克/千克的辣椒灵涂抹花柄或喷花，3～5 天处理 1 遍，但喷花不要把药液喷到茎叶上，天气冷凉后就可以不再处理，花期喷用 500 倍的磷酸二氢钾有较好的保花保果的作用。

7. 病虫害防治

这茬辣椒栽培成功很主要的一项工作是严防病毒病的发生和蔓延，必须从育苗开始就进行预防，主要的虫害是棉铃虫和烟草夜蛾，具体防治方法见病虫害部分。

8. 采收和保鲜

辣椒以青果上市为主，一般说来，春夏季节以绿果上市较多，而秋、冬季绿果、红果均可，以满足不同消费的需要。但凡是进行贮藏保鲜的，必须采收绿果，以延长保鲜期。作为冬贮的辣椒或甜椒，一般是霜前一次性采收，采用砂藏、窖藏等方法，温度保持 8℃左右，最低不能低于 0℃，可以贮藏 60 天以上。

四、夏秋茬干椒栽培技术

干椒及制品是我国主要出口农产品之一，目前国内已形成了一批较有名气的产地，如河北的望都、鸡泽，河南的永城、柘城，山东的寿光，陕西的西安，内蒙古的赤峰，湖南的邵阳等。种植干椒也是农民发展专业化生产的途径。

干椒集中生产通常安排在越夏进行，因为它不仅可以把红辣椒集中收获期安排在秋高气爽的季节，以便晒干，而且有利于提高质量。在这一地区干椒多与大蒜、油菜、小麦等夏收作物接茬，可以提高复种指数，解决粮、菜争地矛盾和实现轮作倒茬。

1. 适宜的品种

干制辣椒在各集中产区都有地方的名优品种，如望都辣椒、鸡泽辣椒、耀县线辣椒等，目前表现较好的有线椒 8819、湘辣 3 号、湘辣 4 号、二金条、线皇椒 1 号、石线 2 号等。各地可根据条件和名牌需要进行选择。目前朝天椒的栽培在一些地方受到重视，栽培比较多的是三鹰椒。

2. 育苗技术

辣椒直播产量低而不稳，必须育苗。

(1)时间。栽培制干辣椒秧苗的日历苗龄是 60～70 天，其播种育苗时间因上茬作物的腾茬时间不同而异：长江流域一般在 1 月上旬播种育苗，华南地区通常是在 12 月。在黄淮海地区，接油菜、大蒜茬的一般在 3 月中下旬；接小麦茬的在 4 月上旬。但小麦与辣椒轮作时，宜采用麦垄套栽的方法，定植期最好不迟于“芒种”。

(2)育苗方法。育苗一般采用塑料棚覆盖，每亩大田需用种子 70～80 克，苗床面积 7～8 平方米。由于制干辣椒的幼苗在耐湿、耐旱方面比菜椒为强，抗病和抗逆性也比较好，生长速度也比较快，所以苗期应适当多施磷、钾肥，在配制营养土时增加磷酸二铵、草木灰或硫酸钾的用量是非常必要的，可以促进根系发育，缩短苗龄。其他技术可参照育苗部分。

3. 茬口选择

在粮作区，制干辣椒应选择玉米、小麦、大豆、高粱等作前茬，不与谷子、甘薯、花生相接茬；在瓜菜产区，宜选择葱蒜类、豆类作物为前茬，或与西瓜、甜瓜间套作，不与茄子、番茄、马

铃薯等连茬。辣椒忌连作，种植间隔一般不宜少于3～5年。

4. 整地施肥

春白地和春早熟作物，在上茬作物收获后要搞好秋耕和春耕，每亩施土杂肥3000千克、棉籽饼100千克、过磷酸钙50千克、硫酸钾10千克，耕翻耙细，按要求作畦或起垄。

间套作栽培定植前不能施入底肥的，应在对上茬作物清茬时施入。

5. 种植形式

(1)平畦作。北方少雨地区多行平畦作。畦子南北向，畦宽1.2～1.5米，长10～15米。行距因品种而异：朝天椒、8819线椒40～50厘米，其他品种60～70厘米，湘辣系列50～60厘米。

(2)高畦作。南方多雨地区宜采用高畦作，畦高15～20厘米，畦面宽70～80厘米，沟宽30～40厘米。每畦栽2行。但盐碱地不宜。

(3)垄作。垄距50～60厘米，垄高15厘米左右，每垄栽2行。有利于加厚活土层，排灌方便，是目前主要的种植形式。

6. 定植

(1)定植时间。利用春白地或春早熟作物茬地的，虽有早定植的条件，但也要等到日平均气温达到19℃，最低气温在15℃以上，5厘米地温稳定在17℃后再定植。

接在冬小麦后的最好在麦垄套栽，以争取时间在高温到来之前达到辣椒封垄。

(2)合理密植。制干辣椒一般植株较小，特别是朝天椒植株直立，株型紧凑，合理密植是夺取高产的关键。根据地力条件合理掌握栽植密度：肥力差些的一般为5000穴/亩，约栽10000株；肥力中等的掌握在6000株/亩；肥力高的地块，一般为6000～7000株/亩。

(3)方法。定植时温度过高时,宜选择在晴天的下午3时后或阴天进行。起苗前1～2天浇水湿润床土,起苗尽量多带宿根土,运输过程防止散坨,减少伤根。栽苗过程中要淘汰劣苗、杂苗,且大小苗分开栽。栽苗不宜深,以覆土后土坨与地面或垄面持平为好。单株定植时株距20厘米;双株栽时,穴距33厘米。随栽随浇水,栽后3～4天再浇一次缓苗水。

7. 追肥浇水

制干辣椒喜肥、喜水,不易徒长,为发挥制干辣椒的增产潜力,一般栽后不蹲苗,争取在炎夏到来之前发起棵,封住垄,搭起丰产架子,创造一个有利于辣椒丰产的田间小气候条件。

(1)浇水。定植缓苗后,一般5～7天浇一水,保持地皮有干有湿;植株封垄后,田间郁闭,蒸发量小,可7～10天浇一水,有雨不浇,保持地皮湿润即可。进入雨季,要根据天气预报浇水,防止浇后遇雨,田间积水;雨后要及时排除沥水;进入红果期,要减少或停止浇水,防止贪青,促进果实转红,减少烂果。

(2)追肥。结果前结合浇水要追施一次肥,每亩施人粪尿1500千克,或尿素15千克。一般在"门椒"和"对椒"坐住后,朝天椒在摘心后,要进行第二次追肥,用量为尿素或复合肥25千克/亩;侧枝大量坐果后,进行第三次追肥。后期要控肥,特别是严格控制氮肥用量,以防植株贪青,影响果实红熟。

8. 中耕培土

在浇过定植缓苗水后,要在地皮发干时及时中耕松土,以促进根系发育。以后浇水和雨后都要及时中耕,破除土壤板结。直到封垄后,就不再进行中耕。整个生育期一般需要中耕松土5～6次。结合中耕还要进行培土,一般在"门椒"坐住

后开始培土，共培2～3次，以维护植株，促进不定根发生。

9. 整枝打杈

无限分枝型制干辣椒的整枝基本同菜椒。有限生长类型的朝天椒如三鹰椒，一般每株有12～13个有效侧枝，但处在上部的侧枝由于光照条件好和顶端优势，表现为生长健壮，其坐果率可达60%以上。下部的侧枝坐果率只有20%～30%，宜及早摘除，这样每株保留8～10个上部侧枝就可以了。副侧枝的坐果率更低，应避免发生。朝天椒是否需要打顶，目前尚有争议。一些地方在朝天椒长有15片叶左右，植株初现花蕾时，就摘除主干顶心，以促进侧枝发育，延长结果，增大单株营养面积，有利于提高产量。但也有人认为，朝天椒长到一定程度会自行封顶，主茎的生长并不会影响到侧枝的发生和生长，因此没有必要摘除。另外打顶会影响到朝天椒第一茬果的上市时间，从而减少收入，因而不主张打顶。

10. 采收和晾晒

(1)分次采收。早期采收青椒必然降低红椒的产量。制干的辣椒必须在果实全红熟而尚未干缩变软时采收。果实没有充分成熟采收时，晾干后果皮会发黄、发青，影响质量。采收的方法是充分成熟一批采收一批。一般每公顷产干椒3000～3750千克。

(2)化学催红。秋霜到来或拔秧前的10～15天，用40%乙烯利水剂700～800倍液喷洒全株进行催熟，可大大提高红果率。拔秧后熟尚未红熟的青果，可采后用于盐渍。

(3)晾晒。采后及时晾晒，防止出现霉变。晴天采后最好放到水泥晒场铺放的草帘上晾晒。一般要昼晒夜收，4～5天后，再放到架空的芦苇帘上晾晒1天，以达到充分干燥，含水量降到14%以下。

五、辣椒延秋栽培技术

根据辣椒生长发育对日照长度要求不严格以及我国南方地区秋季的气候特点，可以利用大棚设施进行秋季栽培。实际上，大棚辣椒的秋季栽培有两种情况，一种是夏播秋收，另一种是秋播晚秋和冬季采收，甚至可越冬栽培，采收至元旦、春节。

1. 选择品种

严格地说，秋季栽培的辣椒品种，必须具备耐热、抗病毒病、优质等条件，目前表现较好品种有楚椒808、汴椒1号等。秋季一般不适宜栽培甜椒。

2. 种苗培育

秋季栽培辣椒，其播种期一般应掌握在6月下旬至8月中旬，其中6月下旬至7月中旬播种者，其采收期一般为9月中旬至12月上中旬；7月下旬至8月上中旬播种者，其采收期为10月初至12月，甚至元旦、春节。在我国南方地区，秋辣椒的播种期一般是北早南迟。

播种期间正值天气炎热，多暴雨，有时却遇干旱，因此苗床多筑成深沟高畦；播种时浇足底水，覆土后盖上一层湿稻草，搭起小拱棚，使用遮阳网或用薄膜盖顶，做到四周通风，以降低土温，防止暴雨冲击。秧苗顶土时及时去除稻草。出苗后12天左右，当有2～3片真叶时，一次性假植进钵，假植宜选阴天或晴天傍晚进行，假植后要盖好遮阳网，以避免强光照射后使秧苗萎蔫。拱棚四周最好围上隔离网纱，以防蚜虫传染病毒。气温高时要注意经常浇水，做到晴天早晚各一次，浇水的同时可根据秧苗情况补施薄肥(稀人粪尿)。苗期要注意防治蚜虫、红蜘蛛、茶黄螨、蓟马等，特别是蚜虫，应在播种开

始，每5～7天交替使用农药防治。

3. 整地施基肥

秋冬辣椒生长期长，要施足基肥，一般每个标准大棚施腐熟厩肥1000千克，复合肥15千克，基肥可结合整地施入土壤。整地时每个标准大棚作四畦，考虑到低温季节薄膜覆盖等因素，大棚两边的畦沟应相对宽些，即将土地适当往中间平整，以利日后的管理。

4. 遮阴定植

一般苗龄25～30天，有5～6片真叶时即可定植，每畦种两行(窄畦每畦种一行)，株距30厘米，定植后施点根肥。由于定植时期温度较高，要用遮阳网覆盖(成活后揭去)，以防幼苗萎蔫。有条件的地方，应进行隔离栽培，以防蚜虫危害，降低病毒病的发生。定植后，应在畦面覆盖稻草。有条件的地区，最好在定植后即覆盖大棚顶膜。

5. 田间管理

(1)肥水管理。定植后应经常保持土壤湿润，还苗至植株封垄期间要经常浇水；封垄后，可采用沟灌。进入开花期后，每15～20天可结合浇水进行施肥，一般每个标准大棚施复合肥3千克(前期可用人粪尿代替)；如果单独施肥，则可采用条施，但施肥后，必须进行覆土，这样一方面可充分发挥肥效，而且进行了一次清沟培土工作，有利于日后的灌水。

(2)保花保果。秋季栽培辣椒，在开始开花时，由于气温较高，容易落花，应用防落素等生长调节剂点(喷)花，以促进坐果。实际上，即使到了适宜辣椒开花结果的9月下旬至10月间，同样需要采用生长调节剂促进坐果。

(3)覆盖保温。进入10月下旬后，我国南方地区，应自北而南对大棚进行覆盖保温，包括覆盖搭配裙边。开始时，白天温度较高，应注意通风降温，但到了11月下旬后，外界气温较低，通风一般只能在中午前后进行。进入12月后，除了大棚覆盖外，还需要搭建小拱棚进行多层覆盖，以确保适宜的温度。

(4)病虫害防治。秋季栽培辣椒，病虫害较多，前期特别要注意病毒病(蚜虫)的防治，中后期应特别注意菌核病的防治。其他的病虫害主要有灰霉病、疫病、炭疽病、枯萎病、青枯病、红蜘蛛、蓟马、烟青虫、茶黄螨、小菜蛾等，也应及时防治(包括预防)。

6. 采收

秋季辣椒大棚栽培的采收期一般自9月中旬至10月上旬开始，具体视播种期而异。当辣椒达到其固有的大小、形状、色泽时应及时采收，特别是前期采收更应及时。

六、辣椒秋冬季大棚直播栽培技术

在秋季辣椒栽培上，能否有效地防治病毒病的危害是成功的关键。辣椒常规的秋季栽培都是采用育苗移栽的方法，但由于秋季常常是高温干旱的天气，蚜虫活动频繁，病毒病发生率高，而且高温期间移栽，其成活率较低，缓苗期较长，从而影响了辣椒的正常生长发育。所以，近年来在武汉采用直播栽培的方法，取得了较好的效果。其主要的栽培要点如下：

1. 确定适宜的播种期

辣椒播种前播种茼蒿或芫荽等播种密度大、植株矮小的蔬菜，在辣椒播种时，茼蒿或芫荽的株高一般要求在3厘米左右。直播的辣椒，其播种期可比育苗移栽者迟7～10天，如武汉一般在7月30日前后。辣椒采用穴播，穴距30厘米左右。

2. 定苗

一般在8月中下旬，当辣椒苗具6～7片真叶时，茼蒿、芫荽等作物应采收完毕，并按30厘米左右的株距定苗。

3. 田间管理

定苗后，应及时施肥培土。一般每个标准大棚用充分腐熟的菜饼80千克、过磷酸钙17千克。以后的大棚管理与一般育苗移栽相似。

采用上述方法，一般可降低病毒病的发病率，提高产量、产值。有关试验结果表明：采用直播栽培者，其植株的生长势明显较育苗移栽者强，在达到盛收期时，直播者株高较育苗移栽者高，开展度直播者较育苗移栽的大。直播者其主茎较育苗移栽者高，从植株的整个生长态势看，直播者较为理想。育苗移栽者其初花期比直播者略有提前，但其始收期反而比直播者迟。直播者病毒病的发病率明显较育苗移栽者低，直播者产量明显高于育苗移栽者。

秋季栽培辣椒采用直播的方式，尤其是与芫荽等植株较为矮小的蔬菜套种，在辣椒的苗期可以利用芫荽的遮挡作用，减轻病毒病的主要传播媒介（蚜虫）的传毒。而且由于遮挡作用辣椒出苗后所处的环境较为湿润，也相对较凉爽，这对正处于高温季节的辣椒秧苗来说十分有利。此外，采用直播，避免了定植缓苗这一时期，不仅节省了劳力，而且可防止死苗等现象的发生。

七、辣椒秋种冬收和冬种春收栽培

在广东、广西、云南、贵州等地，充分利用当地气温高，常年霜雪冷冻少的气候特点，发展冬季辣椒栽培，供应当地市场或南菜北运。

1. 品种选择

秋栽冬收和冬种春收辣椒应选择耐寒、抗病和商品性好的优良品种。由于秋栽冬收多是利用南方“天然大温室”的自然优势，建立南菜北运的生产基地，向北方广大区域供应。因此，要求品种的耐贮运性要好，果形要符合多数地区人们的消费心理。目前可用于这茬生产的优良品种有楚椒 808、湘研 4 号、湘研 19 号等。

2. 秋栽冬收育苗

(1)时间。秋栽冬收辣椒成功的关键是要保证其在“三九”低温期到来之前能够开花结果，带果度过低温期。故宜于 8 月上旬播种，20 天后分苗，日历苗龄 50 天左右定植。这样在 11 月上中旬天气尚好的时期开花坐果，盛果期正好赶在春节期间。

(2)技术要求。

1)苗床施肥整地。提前在高温季节将苗地深翻，在地面撒施腐熟的干猪粪或堆肥，厚 4～6 厘米。播种前 3 天，将苗床反复翻倒，使肥料与土充分混匀，并用石灰进行土壤消毒。苗床一般宽 1～1.5 米，长度视情况而定，周围设置排水沟，深 20～30 厘米。

2)种子处理。本田每公顷需用种 750 克左右。种子冷水预浸 5～6 小时后，再用 40～60℃的高锰酸钾 1000 倍水溶液搅拌浸泡处理 30 分钟，而后用清水反复将种子上的药液冲洗干净。

3)消毒和播种。在床面每平方米撒用 50 克磷酸二氢钾，而后浇水。水渗后再喷用绿亨 1 号 3000 倍液，每平方米用药液 1～1.5 千克，随之在床面撒上薄薄一层陈炉灰。将浸泡好的种子均匀撒播畦面，上盖细土 0.5～1 厘米。最后在床面覆

盖稻草或遮阳网。

4)苗床管理。幼苗拱土应及时揭除覆盖物。苗期高温应经常浇水保持床面湿润,浇水宜在早晨进行。前期一般不追肥,缺肥时第一次用50千克水中加100克三元复合肥浇灌,以后改为加50克复合肥,相隔7～10天浇灌一次。3～4叶期分苗,分苗床如同播种床。定植前5～7天重施一次"送嫁肥",并喷施一次杀虫剂和杀菌剂的混合药剂,如用1.8%艾福丁乳油和70%甲基托布津可湿性粉剂,定植的前1天浇足起苗水。

3. 定植

按每亩施用优质农家肥3000～5000千克、过磷酸钙50～100千克、硫酸钾25～30千克、饼肥50～100千克作底肥。肥料普施地面,深翻整细耙平,浇透水,而后按80厘米距离起垄,畦面宽50厘米,垄高20～30厘米,用幅宽50厘米的地膜覆盖畦面,四周用土压严。参照地膜覆盖栽培部分破膜定植。

4. 定植后管理

定植缓苗后气温还较高,根的吸收能力强,为了促进植株早长早发,可以追施1～2次速效肥料,开花结果以后,要控制氮肥的用量,增施磷钾肥,以提高植株耐低温能力。后期温度低,根系活动能力降低,可改用叶面追肥,一般需要喷洒1～2次300倍的磷酸二氢钾水溶液或者氮磷钾复合肥500倍液,同时加入天达2116、喷施宝等更好。如在药液中加入200毫克/千克医用青霉素,可提高植株抗寒能力。

就一般地区而言,10月气温下降后,应该加盖小拱棚进行保温。但是需要注意小棚的揭盖放风,既要防止日灼和高温伤害,又要防止霜冻冷害。但是在广东、海南等地,因为冬季气温高，辣椒能够安全越冬，一般不发生冻害，可实行露地栽培，不用覆盖棚膜，甚至可以不用覆盖地膜。

5. 冬种春收栽培技术

湖北地区进行辣椒冬种春收需要冬暖式大棚或多层覆盖，9 月上旬播种育苗，日历苗龄 60 天左右，11 月上旬定植。在翌年 1 月的低温到来之前，辣椒已经接近封垄，植株已经挂满小果，植株停止生长发育，但植株不会发生冻害。低温过后，天气转暖，植株逐渐恢复开花结果，3 月果实迅速膨大，4 月集中供应。由于秋种冬收地区一般在 5 月要罢园，接着定植水稻，而 4 月我国北方大多数地区的辣椒供应仍处在淡季，所以冬种春收仍有着较好的经济效益和社会效益。

八、辣椒日光温室栽培

1. 日光温室的结构和性能

(1)日光温室结构类型。

1)冬用型日光温室。在辣椒生产上有代表性的冬用型塑料日光温室是矮后墙长后坡或高后墙中后坡半拱形日光温室。矮后墙长后坡半拱形日光温室最早起源于辽宁省海城感王镇，20 世纪 80 年代初河北省永年县引进后，在保留了其基本结构的基础上，进行了一些重点的改造，其中增加了中脊和后墙的高度，调整了前后坡在地面的水平投影宽度比，优化了前采光屋面形状，称为永年 2/3 式日光温室。

这类日光温室目前有两种具代表性的结构：一是跨度为 6～6.5米，后墙高 0.6～1 米，后坡长 2.8～3 米，中脊高度 2.85米；一种是跨度 5.5～6 米，后墙高 1.8 米，后坡长 2 米，中脊高度 2.75 米。

这类日光温室建造取材方便，造价低，保温性能好，其增

温效果可达到28～30℃。特别是在遇到寒流强降温或连阴雨天时，保温效果明显，在覆盖(厚0.08毫米)聚乙烯薄膜的情况下，其极端最低气温一般不低于8℃，可以保证辣椒在冬季基本正常地生长。

2)春用型日光温室。春用型日光温室分前坡一斜一立式和前坡半拱形。高后墙短后坡半拱圆形日光温室是从20世纪80年代中期开始兴起的。它是从增大温室后坡下的空间、提高土地利用率出发，逐步形成了一种温室跨度为6米，脊高2.8米，后墙高1.8米以上，后屋面长1.5米，地面水平投影宽为1～1.2米，或脊高为3.1米以上，后墙高2米以上的高后墙短后坡的塑料日光温室。

这种温室由于加长了前采光屋面，缩短了后坡，后坡下的光照得到了改善，土地利用率也高些。但由于增大了前采光屋面在地面的水平投影宽度，白天升温快，夜间和阴天降温也快，保温能力不如前者。进行辣椒生产时，多适于秋冬和冬春两茬栽培。

(2)日光温室环境特点和调控。

1)光照明显不足。日光温室是在一年之中光照最弱、日照时间最短的时段进行生产的。由于薄膜的吸收和反射，覆盖新膜的温室光照只有外界的70%左右。如果薄膜受污老化，光照只有外界的50%左右。光照不足是日光温室环境的首要特点，而光照前强后弱、上强下弱分布不均是其另一个主要特点。

辣椒对光照强度和光照时间要求虽然不甚严格，但光照过弱同样会影响到辣椒的生产，而日光温室弱光必然伴随着低温，其影响就更显严重。所以辣椒在进行深冬生产时，一定要选用采光性能好的日光温室。另外，在株行距配置和栽植

密度上，要注意到日光温室光照不足和分布不均的特点。

2)气温因温室而异。性能好的冬用型日光温室，在外界气温－20℃左右时，室内外温差可高达28～30℃。这类温室冬季的极端最低气温一般不低于8℃，在整个冬季都可进行辣椒生产，因而可以用来进行越冬一大茬栽培。

性能差的春用型日光温室，严冬或连阴天时，其室内外极端最低气温的差值一般在20～23℃，冬季室内极端最低气温往往在3℃或以下。这类温室往往只能进行秋冬或冬春两茬生产，利用换茬躲过低温寡照期。

3)地温条件。地温升降变化主要集中在0～20厘米的土层里。在连续晴天情况下，最低地温始终比最低气温高5～6℃；连阴天时，随着连阴雾天的继续，地、气温的差距变得越来越小，直至最后仅2～3℃。因此，冬用型日光温室的地温最低可以保持在11℃以上，而春用型日光温室则要降到辣椒根系适宜的界限温度以下，持续时间一长就要对根系造成损伤。

在未经特殊处理的日光温室里，地温具有明显的不均匀性：温室前部1米的地带，由于受到外部冻土的影响，其温度梯度差可达到每米1～2℃；温室进出口处，由于不断有冷风袭人，其温度梯度差往往也很大。地温差距造成了温室辣椒生长不整齐。

4)土壤水分。温室受棚膜保护，生产相同的产量时，比露地用水量要少。水汽在棚膜上凝结成水滴会经常滴落到相对固定的地方，因而又造成温室土壤水分的相对不均匀性，这种情况在冬季浇水较少的时候表现更为突出。土壤深层的水分沿毛细管上升到地表，棚膜上大量的凝结水滴落到土壤表面，往往容易使土壤的表面形成泥泞状态，这往往容易造成不缺

水的假象。冬季浇水时，浇水直接影响土壤温度。温室用水除了要达到农用灌溉用水的标准外，还特别强调要使用深机井水。寒冷季节一定要在晴天的上午浇水。

5)空气湿度。日光温室里，特别是在夜间，空气的相对湿度经常在90%以上或饱和状态。空气湿度大是温室环境的又一个显著特点，辣椒虽然要求比较高的空气湿度(70%～80%)，但过高时对辣椒生育也不利，常会引起某些病害的发生和蔓延。

浇水后会使温室空气湿度急剧增加，放风可以降低空气湿度，提高气温同样也可以起到降低空气相对湿度的作用，这是日光温室与加温温室、大棚在管理上一个很重要的区别。

6)空气条件。日光温室的空气条件还包括二氧化碳浓度和有害气体成分。

二氧化碳含量。夜间是温室二氧化碳积累过程，在大量增施有机肥的日光温室里，清晨二氧化碳的浓度通常在1500～2300毫升/米^3，晴天的白天到中午时二氧化碳的浓度仍在300毫升/米^{3}以上，通常没有必要另外再进行人工追施二氧化碳肥。但是，在施用有机肥少，特别是无土栽培的时候，还是需要进行二氧化碳追肥的。

有害气体成分。撒于地表可以直接产生氨气的肥料如碳酸氢铵、氨水、新鲜鸡粪、兔粪等；撒于地表经发酵或反应后间接产生氨气的肥料如饼肥、尿素，或在石灰质土壤上的硫酸铵等，它们在施用不当时容易引起氨气积累，造成氨气危害。辣椒生产过程中，时有受到氨气危害的可能。

在老的温室里还会发生亚硝酸气危害，这往往是连续大量施用或一次过量施用氮素化肥的结果。

除此之外，温室生火燃烧含硫高的煤炭产生的二氧化硫，空气不流通时燃烧不充分产生大量的一氧化碳等，都能对辣椒造成危害。

7)土壤条件。土壤溶液浓度危害。温室在多次大量地施用化肥的情况下，土壤积盐会使溶液浓度比露地为高，有的超过 5 倍以上。高的土壤溶液浓度影响到根系的发生扩展和吸收功能，同时还会诱发有害气体危害和缺素症发生。

大量地施用有机肥，提高土壤的缓冲能力，选用那些施后对土壤浓度影响较小，如硝酸铵、过磷酸钙等，而不使用可以显著提高土壤溶液浓度的带氯根的氯化铵、氯化钾等，是减轻浓度危害的有效办法。

连作障害。辣椒最忌连作，连作地块除了病害严重外，还可能和某些元素的缺乏和自害物质积累有关。大量连续地施用农家肥、施用土壤活化剂、消毒剂及增施多元微量元素肥料，可以缓解辣椒的连作障害。

2. 辣椒日光温室秋冬茬栽培

秋冬茬辣椒是 7、8 月育苗定植，一直到 1 月中旬结束。

这茬栽培的后期光照时间短，强度弱，温度低，为了争取在有限的时间里获得产量，在整个生长过程中都要“重促，忌控”，并尽最大努力防止病毒病的发生。

(1)品种选择。宜选用中熟或早熟、抗病、耐寒、耐弱光的丰产品种。并希望所用品种在后期较低的温度下，果实不易发生紫斑，而且要耐贮藏。

(2)育苗。育苗一般在 7 月中旬到 8 月上旬，时值高温多雨，同多层覆盖塑料中棚秋延晚茬栽培一样，须采用搭棚遮阴防雨、营养钵护根育成苗和有效防范病毒病措施。

1)苗床地址。宜选择在通风良好、地势高燥、排灌方便的地块。并提前将苗床周围较大范围内的杂草清除干净，以减少

蚜虫侵入的机会。苗床宜采用高畦,畦高15厘米左右,畦宽1厘米左右,以便于搭架、覆盖保护。同时四周要开挖排水沟。

2)搭棚。一般要先搭起不低于80厘米的高棚架,覆盖薄膜和遮荫物。

3)播种和管理。按技术要求配制营养土,进行种子消毒,然后在浅箱内稀播,播后将育苗箱置于遮阴棚下。出苗后要扣盖防蚜网,并利用早晚光照弱的时间逐渐使其见光,以后避开中午强光高温尽量增加光照时间。当幼苗1叶1心时,趁晴天傍晚或阴天分苗到上口直径不少于9厘米的营养钵内,起苗时要尽量避免伤根。一般是双株定植,也可以单株栽苗。如果是双株定植时,分苗时要选取2株大小和长势基本相同的苗子栽到同一钵内,栽时要保持根系舒展,又不要栽得太深。栽后仍然置放到遮阴棚下,成活后逐渐增加光照,并可视情况摆开营养钵,以增加单株营养面积。还要利用防雨和防蚜设施避免淋雨和蚜虫危害。

出苗后每5～7天喷用一次除蚜农药,发现蚜株及时拔除埋掉。苗期连喷带灌2次预防病毒病的药剂,如20%吗胍·乙酸铜可湿性粉剂500倍液(病毒K)或5%菌毒清水剂200～300倍液。如果钵内营养土养分不足,可浇灌1次磷酸二氢钾与硝酸铵的等量混合物500倍溶液。还可叶面喷用蔬菜灵、绿勃康等植物生长调节剂。

苗龄30～35天,植株长有7～9片真叶时即可定植。

(3)定植。

1)定植前的准备。温室建设秋冬茬辣椒定植一般是在8月下旬到9月初。从道理上讲,温室栽培辣椒应该定植时就覆盖上棚膜,如果此时温室尚未最后建好,起码也应该要把墙体、前后坡骨架安装起来,以避免定植后安装时碰伤苗子。

施肥。整地定植前要施肥整地，一般每亩用量是优质厩肥不少于 5000 千克，碳酸氢铵 50～100 千克，过磷酸钙 50～100千克，硫酸钾 20 千克。地面普施底肥后，人工深翻两遍，耙细耧平，按 1.3 米宽作畦，待定植。

2)栽苗定植。要选阴天或多云天气，晴天应在傍晚进行。在畦中间相距 0.8 米开两道深 10 厘米左右的沟，在沟内放水。趁水没渗下，按平均株距 35 厘米放苗。栽苗时要注意三点：一是在一个栽培行上，前部宜密，后部宜稀，中间居中；二是大苗在前，小苗在后，这样以后才能长得高矮一致；三是相邻两行的植株要错开栽，尽量减少互相影响。水渗后覆土固定苗。如此就形成了大小行的种植形式，即大行距 0.8 米，小行距 0.5 米。

(4)定植到始果期管理。此期管理目标是促根促秧，防止徒长，搭好丰产架子。主要措施有：

1)促控结合，保苗稳长。定植后 2～3 天浇水，锄划松土，促进缓苗。缓苗后再浇一水，而后适当控制浇水，中耕松土，以促进根系深扎发达，防止秧苗徒长。随之结合中耕向苗根际部分次培土，最终使栽培行形成高 12～15 厘米的小高垄，行间则变成垄沟。同时在 80 厘米的大行间扶起一条垄，作为田间作业的人行道。开花前可以轻追一次肥，浇一次水，以促进茎叶生长。"门椒"开花时要控制浇水，再中耕 1～2 次，此后不久植株开始封垄，就不再中耕了。

"门椒"坐果前，要把第一分杈下的侧枝在长至 3～4 厘米前全部摘除，叶片应尽量保留。

2)预防病毒病。在继续喷用除蚜药剂的同时，要定期喷用防治病毒病的农药，如抗病威、抗毒剂 1 号、病毒 A、菌毒清、植病灵、抗毒素等，以有效控制病毒病发生。

3)温度调节。正常天气下,辣椒开花前,白天宜保持25～30℃,夜间18～16℃。"门椒"开花后,白天温度掌握到22～28℃,夜间不低于15℃。随着秋末温度的下降,为了达到上述要求,需要逐渐减少放风量,当温度特别是夜温不能保证时,就要覆盖草苫。

4)保花保果。从"门椒"开花起,用坐果灵、防落素或2,4-D处理,防止落花落果。用法见大棚辣椒春提早栽培部分。

(5)结果期管理。

1)温度管理。结果期的适温是白天25～28℃,夜间不低于15℃。温度不能保证时,要采取一切手段搞好保温。进入深冬前,要人为地降低管理温度,使植株体产生相应的生理变化,以适应即将到来的低温环境。低温寡照时期,无论白天还是夜间的管理温度都要比上述温度指标有所降低,其中白天降低2～3℃,夜间最低温度可降低4～5℃。这样就能在制造养分少的时候,通过降低呼吸消耗而获得较多的光合积累。

2)水肥管理。"门椒"坐住后,要进行一次追肥,每公顷用氮磷钾三元复合肥300～450千克或腐熟的饼肥1500千克,开沟追入,施后覆土浇水。

结果期一般7～10天浇一次水,保持土壤湿润即可。进入严冬要适当减少浇水,浇水水量也不宜大,更须防止大水漫灌和浇后遭遇连阴天。

3)风雪天的管理。白天下雪应该揭开草苫,不仅可以利用散射光保持室内温度和进行光合作用,同时还可及时清除棚上积雪。夜间下雪时最好在草苫外再盖一层塑料薄膜,不仅便于清除积雪,也可避免雪水浸湿草苫。目前使用中的大多数日光温室的抗荷载能力都比较差,夜间需要根据情况进行几次清雪。

4)连阴雨天的管理。遇有连阴雨天时,如果不是天气“奇冷”,一般也要揭开草苫,充分利用散射光。即使温度较低,也要利用中午前后温度相对较高的时间揭开草苫,哪怕只把草苫的下部卷起也是有益的。

连阴和雪后骤晴如果处理不当就可能把植株“闪死”。“闪死”的主要原因是气温上升快,地温上升慢,地、气温不协调致使茎叶蒸腾掉的水分不能从根部得到及时补充所致。因此遇到这种情况时,头一天揭苫要适当早些,并开始多次向植株上喷洒清水,增加空气湿度,减少植株蒸腾损失;发现植株出现萎蔫时,先放下单数草苫,待植株恢复后提起先期放下的草苫;植株再出现萎蔫时,另将双数草苫放下,等植株恢复再卷起。如此反复交替揭盖草苫,直到揭开草苫植株不再萎蔫为止。处理的时间会因连阴天持续时间长短而异,连阴 15 天以上的,处理的时间需达 4～5 天。此间一时的疏忽就可能前功尽弃。

(6)贮藏保鲜。

1)挂秧保鲜。进入生产后期,可以把长成的果实留在秧上进行保鲜。

在日光温室里,最后一次采收后植株上还有一些小果时,可以将植株带宿根土假植到温室后坡下或温室两头的沟内,假植后沟内浇大水,一些幼果可继续生长,也可以达到保鲜延长供应期的目的。

2)贮藏保鲜。长成的辣椒采摘后,也可以进行短期贮藏保鲜。准备贮藏的果实要在晴天早晨温度低时采收,以使果实体温接近贮藏的温度。温度高时,采收的果实宜先放在室内预冷 2～3 天,使果实的体温冷却到贮藏适温的范围内,这

样可以较好地保持其品质。

贮藏前要精心挑选果实，只有达到商品采收期、果柄没被剪裂、果实无病虫害和机械损伤的完好果实才适于贮藏。红熟或过于幼小的果实均不适于贮藏。

对于入选贮藏的果实还要进行贮前的药物处理，用托布津、多菌灵、高脂膜等药液浸泡，杀灭病菌或封闭果柄剪断口，效果比较好。贮藏可以采用下列简易方法：

a. 装筐室藏。装筐时先在筐内铺衬干净的地膜或柔软蒲包，而后将青椒一层一层地码好，不要装满，要使衬垫物能将上部包裹起来，使筐内相对湿度达到 90%左右。操作时要轻巧，避免创伤。将筐摆在空屋或菜窖内，温度保持 7～9℃，每 5～10 天倒筐一次，进行检查，把果柄伤口处或萼片已变色的、果肉出现小毛病等不宜继续贮藏的果实挑拣上市。把已腐烂的果剔除，受烂果沾污的果实虽不会腐烂，也不宜再继续贮藏。

b. 沙土埋藏。沙土埋藏是在室内或窖内的地面先铺一层 5 厘米厚的干净沙，然后果柄朝上码一层果，盖一层沙，最上面再覆盖 5 厘米厚的沙，总高度不宜超过 50 厘米。沙土埋藏不宜勤翻动。采取这些简易贮藏方法，贮藏期一般可达 50～60 天。

贮藏的目的是保持辣椒的品质，防止失水、腐烂和后熟。其中关键因素是贮藏的温度和湿度。目前对贮藏温度还存有不同看法，但多数人认为 7～9℃为适宜，低于 6℃要受冷，会出现局部果肉颜色变深如水浸状或凹陷，如再受到腐生菌感染就会发生腐烂。贮藏期适宜空气相对湿度是 90%左右，湿度在 70%以下时就会失水打蔫发皱。

3. 辣椒日光温室冬春茬栽培

日光温室冬春茬辣椒栽培是目前种植比较多的一茬，除了这茬辣椒定植后，天气越来越暖和，光照越来越好，与辣椒要求的生长条件基本一致，栽培容易成功外，更主要的是这茬辣椒是处在北方贮藏辣椒和“南菜北运”辣椒主要供应期之后的早春和初夏上市，因而有着较大的市场空间和较好的经济效益。

(1)栽培历程。日光温室冬春茬辣椒一般是从10月上旬到下旬播种育苗，1月上中旬到2月上中旬定植，2月中旬开始上市，直到盛夏结束。

(2)品种选择。选择冬春茬辣椒栽培品种时，首先要考虑到销往地的消费习惯，须因地制宜选用。同时，冬春茬栽培实质是早熟栽培，早熟栽培必须注意品种的早熟性，当然还必须兼顾丰产性和抗病性等。

(3)育苗。播种期的确定要根据温室温度所能提供的定植期、需要的日历苗龄和前茬作物可腾地的时间综合起来进行考虑。当前茬作物腾地时间确定后，根据采用有土育苗需要90～100天才可长到10片叶以上，第一花蕾的直径才能达到0.3厘米左右的用苗标准，由预计的定植期向前推90～100天即为适播期。

(4)定植。

1)施肥整地。每亩施用优质圈肥或堆肥5000千克、磷酸二铵50～100千克、饼肥100～200千克、硫酸钾20～30千克作底肥。

青椒可平畦栽，也可垄栽，但考虑为了覆膜和浇水方便，以及有利于提高地温，建议采用南北向垄栽。垄距须因品种制宜，根据所用品种的植株开张角度确定株距。日光温室冬

春茬属于早熟短期栽培，故多宜采用大小行1穴双株的密植方法，也有采用1穴单株定植的。大行距80厘米，小行距40厘米。施肥时先按垄的位置开沟，深30厘米以上，把底肥的一半施入沟内，在沟内深翻使肥料与底土混匀。然后填沟、整平，把剩下的一半肥料铺施地面，用锨或镬深翻2遍，使肥料与土充分混匀。然后在开沟的位置扶垄，垄高12～15厘米，但也须在大行间附加上一条用作人行道兼水沟边的垄。垄整好后，在小行间插上简单拱架，用1块整幅地膜盖在其上，并使膜边搭到两定植垄的外侧6～8厘米，即可待定植。

2)定植。

a. 定植时间。在冬用型日光温室里，由于地温一直可以满足辣椒定植的温度标准，因此，定植前的一切准备工作就绪之后，就可以定植了。春用型和冬春兼用型日光温室一般需要等到离温室前底脚40厘米处，10厘米地温稳定到12℃以上，方能进行，时间大约在当地日平均气温达到0℃的前后。定植必须选在晴天，而且要求在定植后能遇上连续的晴天。定植后遭遇连阴雾天不利于辣椒缓苗，应尽力避免。为此，要多听多看天气预报。定植宜在上午抓紧进行，最晚要在下午2时前结束。

b. 定植方法。定植时要大小苗分开，一垄之上大苗在前，小苗在后摆好。1穴双株时，穴距30厘米，每亩约栽3500穴左右，合7000株左右。1穴单株时，穴距25厘米，每公顷栽4000株左右。穴栽后分株浇30～40℃的温水。误浇用带冰茬的冷水时，往往会造成无法挽回的损失。

(5)定植后的管理。定植后的管理可分为前、中、后三期。

1)前期(定植至采收期)。青椒定植后的前期管理首先要全力促进根系发育，在保证茎叶生长的基础上，促使开花正常进行，使营养生长和生殖生长保持相对平衡。

a.缓苗期管理。定植后5～7天是缓苗期，要在穴浇稳苗水的基础上，再分株穴浇2次温水。此期要密封温室，尽量不通风。白天温度可超过30℃，夜间尽量保温，力求达到18～20℃。此间要经常检查，发现缺苗随时补栽。

b.缓苗后管理。缓苗后（约定植后10天左右）要顺沟浇一水，此称缓苗水。若底肥不足时，浇水前可在行间开沟每亩施入磷酸二铵15～20千克，或过磷酸钙掺发酵好的芝麻饼肥50～100千克。施后与土壤掺匀并覆土，而后浇水以水压肥。

c.偏管三类苗。对于弱小三类苗要通过偏灌化肥水、促根剂和单设塑膜筒覆盖等方法，促进转化升级。

冬春茬辣椒定植较早时，由于当时光照条件差，光合产量比较低，在管理温度上，特别是次日清晨的温度要比正常的低4～5℃，也即12～14℃更容易坐住果。同时还需要在开花时用坐果灵、防落素或2,4-D处理进行保花保果。

2）中期（采收初期至采收盛期）。这一时期是辣椒边长棵边结果的阶段。

a.温度管理。温度对花器发育和结果的作用可参见多层覆盖塑料中棚春提早辣椒栽培部分。冬春茬辣椒进行到此期，温光条件完全可以满足辣椒生长发育的需要，应坚持实行四段式温度管理，即晴天白天上午23～28℃，下午25～26℃，前半夜保持4～5小时的22～23℃，后半夜16～18℃。地温要保持在20℃以上。

b.光照调节。温室使用到这一时期，由于棚膜老化、污染，无滴膜的持效期已过，透光率明显不如过去，此时必须十分注意清洁膜面。同时要剪除空果枝和病老黄叶，以改善辣椒的光照环境。

c.水肥管理。辣椒进入结果期时，较充裕的土壤水分有利于茎叶和果实的生长，此时土壤的含水量宜保持到田间最大持水量的20%左右，一般5～7天浇一次水。

结合浇水进行追肥时，以追用氮、磷、钾三元复合肥为好，每亩每次用量为15～20千克。

此间，每7天左右要喷一次光合促进剂和光呼吸抑制剂，通过增加光合速率和减少呼吸消耗，增加辣椒的光合产物积累。

d.植株调整。第一分杈以下叶腋中萌发出的侧枝，要在长有3～4厘米以前摘除。子叶和门椒以下的叶片，只要不染病和黄化衰老，一般不要捋掉。

辣椒采用有限枝条的整枝栽培，不仅可以使坐果率提高，而且也会使单果重增加，从而明显地提高产量。在一般栽培密度下，通常可以采用四条主枝整枝方法，做法是：在第3层果也即"四门斗"椒以上发出的2个枝条中，当生长势弱的1个枝条现蕾后，留下花蕾和节上的叶片，掐去其以上刚刚萌发出的2个分枝。对于另一条强枝出现第4层花蕾和分枝后，都在第1节掐去弱枝，这样整个植株就呈4个主枝状。

3)后期。盛果期过后植株趋向衰老，此时管理就是要继续维持辣椒植株的长势，最好灌用1次萘乙酸和爱多收的混合液，以促进开始衰老的根系恢复活力。在管理上不能缺水，也不能缺肥。追肥应转入以氮、钾肥为主。在温室能够大放风时，顺水冲入粪稀或者稀释的鸡粪，每亩用量不宜超过1000千克，以维持长势，延长结果期。

(6)采收。定植后一般经40～50天开始采收，门椒和对椒宜适当早摘，以免影响植株长势。采收时不要扭伤幼枝，最好剪果。

4. 辣椒日光温室越冬一大茬栽培

(1)栽培历程。9月上旬播种育苗,日历苗龄50～60天,11月上旬定植,12月下旬开始收获,直到第2年6月结束。越冬一大茬菜椒重点解决春节前后及早春、初夏的市场供应。

(2)设施要求。辣椒对温度的要求比黄瓜、番茄要高,对低温的敏感性也较强,温度较长时间低于13℃就可能引起单性结实,形成“僵果”。所以,用于越冬一大茬辣椒栽培的日光温室,必须选用采光和保温性能较好的冬用型日光温室,采用高保温的聚乙烯薄膜和聚氯乙烯多功能复合膜作为透明覆盖材料,同时增加草苫覆盖层数或外加薄膜覆盖,使温室的极端最低气温不低于9.5～10℃,这是进行这茬辣椒安全生产的重要保证。

(3)品种选择。越冬一大茬辣椒属于长期栽培。其栽培中需要经历温度从高到低、再从低到高,日照时间由长到短、再由短到长,日照强度由大到小、再从小到大,经历一年之中温度最低、光照条件最差的冬季,所以所选用的品种应具备耐热耐寒能力强、抗病性好、质优高产等基本优点。

(4)育苗。越冬一大茬辣椒育苗一般在8月底到9月初进行。播得过晚难以在冬前光照和温度都较好的时期搭起丰产架子。单纯种植越冬一大茬时,每亩实栽2500株左右,需用种子30～40克。进行秋冬茬与越冬一大茬长短期间作套种栽培时,属于越冬一大茬栽培的那部分苗子,一般每亩实栽2000株左右,需用种子35～40克。

此期育苗多数地区的温度和光照都比较好,但是因为有露水出现,有时也会出现秋雨绵绵的情况,所以育苗床需要搭小拱棚覆盖薄膜防雨避露。通常是在小拱棚内育籽苗,分苗到营养钵(1钵1株)里后,转入温室培养。播种后到定植的天

数与苗期温度和水分状况有一定关系，如果条件都很适宜，45 天左右即可定植，适宜定植的植株长相是：第 1 分枝和第 1 花蕾处于即将开放状态，定植后 1～2 天就能开花。

（5）定植。

1）施肥整地。越冬一大茬长期栽培必须施足底肥，一般每亩需用优质厩（圈）肥 5000～7500 千克，氮磷钾三元复合肥 40～50 千克，或用磷酸二铵 30～40 千克、硫酸钾 20～30 千克代替上述三元复合肥。

底肥采取地面普施和开沟集中施肥相结合的方法。用 2/3的底肥普施地面，人工深翻两遍，而后用铁耙四角耧平。按 80 厘米的等行距开南北向的沟，把剩余底肥撒入沟里，也要翻倒 2 遍，把肥与土充分拌匀，而后在沟内浇水。能操作时再扶起南北向的垄，此为定植垄。每隔 2 条定植垄，在行间再扶起 1 个小高垄，专供人员田间作业时行走用。

2）栽苗。在垄上按 30～35 厘米的株距开穴，每穴栽 1 株苗。先在穴内浇水，随即放入苗坨，水渗后覆土。全田栽完后顺沟浇透水。

定植一定要掌握浅栽，青椒深栽是绝对不行的，极易诱发病害。

（6）肥水管理。

1）水分管理。定植水后可操作时，要中耕松土，做到锄细锄透。缓苗后再浇缓苗水，而后由深到浅、由近到远进行 2～3 次中耕，促进根系深扎，控制秧苗徒长。在缓苗水后的 12～15 天，在没有人行道的两垄间，简单支架起小拱棚。用幅宽 95～100 厘米的地膜覆盖上去，同时延伸到定植垄的外侧。南端埋入土中，北端用土压到地面。两垄间覆盖地膜所形成的空间，是以后进行膜下沟灌的地方。

大量开花坐果后宜多灌水，一般7～8天浇1次水。12月下旬到2月中旬的低温时期，植株基本已长大，光线也较弱，应控制浇水量，一般10～15天浇1次水，并特别强调只在上午浇水。

春季温度升起以后，如果温室内空气干燥，高温常妨碍开花受精，引起落花。此时除了加强浇水外，还要把垄间的地膜适时揭开一部分。

栽培辣椒的土壤相对含水量以保持50%～60%为宜。一般认为青椒是需水不多的作物，但实际上水分充足时果实膨大快，产量也高。温室水分管理中，要提防地表泥泞而深层实际缺水的假象。灌水间隔时间和灌水量要依据土质、植株长相来综合判断。从果实来看，如果灯笼果的果实顶部变尖或表面大量出现皱褶，则表明水分不足，应及时灌水，否则，就会影响产量。

2)温度调节。

a.气温。定植到缓苗温度宜高，一般白天28～32℃，夜间18～20℃，地温20～23℃，这在定植后一段时间是很容易保证的。辣椒成活后温度要适当降低，白天28～30℃，夜间17～20℃，地温16℃以上。以后随着光照时间变短，强度变弱，天气变冷，管理的温度可适度调低。逐渐把白天的温度调到24～27℃，夜间最低温度13～15℃。这样就能在白天弱光下获得较高的净光合率，在减少夜间呼吸消耗的情况下，使作物能有较多的光合产物积累。

入春以后，天气变暖，要随着自然界光照的日益增强，逐渐提高管理温度，直至恢复到正常的管理温度。总的原则是白天气温不超过30℃，夜间不低于16℃。进入4、5月，外界夜间气温不低于16℃时，温室可彻夜放风。

b. 地温。地温对青椒的生育结果有着重要影响。据试验，地温23～28℃时，气温28～33℃和气温18～23℃的产量几乎没有差别。而当地温下降到18℃时产量就会受到影响，低于13℃就要受到严重影响。越冬一大茬栽培的辣椒在进入1月时，地上枝叶繁茂，阳光直接照射到地面的数量明显减少，地温上升受到限制。如果再遇有连阴雾天，地中贮热大量散失，地温持续下降，时间一长，根系就会变得衰弱，节间变短，不久便出现结果过度的衰退，大量出现"僵果"现象。要解决低地温的问题需要从两个方面着手：一是搞好整枝、摘叶，增加地面接收直射的光量；二是搞好地面覆膜，必要时人行道这一垄间也要覆膜。

(7)植株调整。

1)双干整枝。目前，在无限生长大果型辣椒上采用双干整枝的方法对植株进行调整，方法就是在"对椒"以上萌发出的4个枝中，将2个长势差的枝条短截疏间，这样"四门斗"也结出2个果。在其上再发出的4个枝条，也做这样的处理，如此坚持下去，便形成了双干生长的株型。双干整枝的植株通透性良好，果实个大，生长整齐，更容易形成质量优良的产品。但双干整枝的植株必须进行枝条牵引。

2)牵引枝条。露地条件下，不论是栽培无限生长型还是有限生长型的辣椒，一般都不吊枝和支架。温室栽培，特别是越冬一大茬栽培，由于生长时间长，枝条繁茂细弱，通常需要对植株枝条进行牵引和支架。牵引支架以后，不仅使枝条在空间得以合理分布，有利于改善植株的通风透光条件，同时还可通过调整枝条顶端的开张角度，调节枝条的长势。目前辣椒的支架有两种做法，一是用线绳牵引；二是插架绑缚固定。

a. 吊绳牵引。凡是吊绳牵引的，须在定植后不久，给每株辣椒斜插一根60厘米左右长的小竹竿或木杆，固定在第1分枝的下部。定植20天后，在每一植株的上方，每隔0.4～0.5米拉起一道南北向的铁丝，用2根尼龙线分别系于同一株2个主枝的第3或4枝分杈处，上边酌情系到左右两道铁丝上，形成"V"形牵引。牵引的角度要视植株长势而定：株势旺时，可把主枝的生长点拉向外侧稍倾斜；因结果生长势下衰的枝条，可用绳缠绕尖端稍稍提起，使其长势加强。牵引中央的枝条原则不能高出两侧的主枝。如果中间牵引枝超过两侧主枝，可对其进行摘心，或将其顶端向一侧弯曲倾斜。

b.篱壁架固定。每行辣椒先用竹竿直插地面，再用3道腰杆连接形成单篱壁架。再将相邻的两个单篱壁架用短杆连接，构成一个比较牢固的整体。可以根据需要将枝条绑缚固定到篱壁架上。

3)修剪整枝。

a.去腋芽。第1分枝下各叶腋间发生的腋芽，宜在育苗的末期和11月各进行1次抹芽，腋芽一般不宜超过3～4厘米。第1分枝下的叶片宜保留。

b.摘叶。对病老叶要及时摘除，以减少病害，增加地面及植株下部光照。

c.修剪、疏枝。青椒最忌枝条重叠。前期应剪除拥挤的枝条，以防直立生长。12月中旬后发生大量枝条会造成内部拥挤，枝条互相重叠，要疏剪掉下部重叠的枝条。进入春季，植株下部会产生一些节间长度超过6厘米的徒长枝条，应及早疏剪掉。总之，在整个生育过程中，要把枝条整理到能从上面透过枝条隐隐约约可看到地面为好。

(8)追肥。耕层中施肥量过大时，容易造成肥害。辣椒应以追肥为主，实行配方施肥。越冬一大茬青椒一般是从11月下旬到12月初开始追肥。青椒对肥料的反应比其他果菜迟钝,即使大量追肥,产量也不会显著增多。因此,在盛果期追肥次数应比其他果菜为少。追肥间隔时间多为10天左右。每次每亩追用硝酸铵10～15千克。

(9)保花保果。应用坐果灵、防落素或2,4-D保花保果。具体做法见大棚春提早辣椒栽培部分。

九、辣椒高山栽培技术

辣椒高山栽培在湖北一般在清明前后播种,5月中旬定植,7月下旬至10月采收。产量高峰正好在7—9月平原蔬菜供应淡季,市场售价高,效益好,其主要栽培技术如下:

1. 栽培地块选择

(1)海拔高度的选择。高山辣椒在湖北省海拔800～1400米的山区都可种植,而以海拔1000～1400米山区最为适宜,采收期较长,产量高。并以坐西朝东、坐北朝南、坐南朝北的地形方向为佳。海拔1400米以上的山区,前中期生长好,病害轻,但后期因温度下降快,果实膨大慢,采收期较短;海拔800米以下山区,夏季易受高温影响,气温高于35℃时落花落果严重,病害重,产量不稳。在低海拔500～800米的地区,若是坐西朝东地块可适宜辣椒栽培。

(2)选择适宜土壤。宜选择土层深厚、土壤肥沃、排水良好、2～3年内未种过茄科作物的旱地或水田的沙质土壤或壤土,不宜选择冷水田或低湿地栽培。

2. 栽培季节确定

高山辣椒适宜播种期应根据辣椒生物学特性和以下因子综合分析确定:(1)高山辣椒采收期主要在7—10月。(2)湖北省高山地区10月上旬后气温下降快,会出现15℃以下低

温，影响辣椒开花结果与果实发育。(3)当地所处的海拔高度与地形等。湖北省高山辣椒栽培适宜播种期为4月上旬。在此播种期内，海拔高的地区要早播，海拔低的地区可适当晚播。即最适宜播种期：海拔1000～1400米在4月上旬，海拔800～1000米在4月中旬左右。这样使辣椒的各个生长发育阶段基本上都能处在适宜的环境条件之下，且盛收期正值7—9月平原蔬菜秋淡时期。

3．栽培品种选择

根据当地的消费习惯及种植水平，宜选择植株生长势较强，抗病、丰产、耐贮运的品种，如中椒6号、楚椒808、汴椒1号等。

4．培育壮苗

苗床地要选择避风向阳、土壤肥沃、排水良好、离大田近、管理方便、最近一两年内没有种过茄果类蔬菜的田块。采用地膜覆盖加塑料薄膜小拱棚冷床育苗。这样能有效地防御低温，保持苗床适宜温度，易育出壮苗。小拱棚苗床净宽1.2米，床长依地块长度和育苗数量而定，苗床以东西走向为好。

播种量与播种面积：种植1亩辣椒需用种子40～50克，苗床6～8平方米，假植苗床35～40平方米。如果播种后至定植不分苗则应稀播，每20平方米播种子50克。

浸种、催芽：辣椒的种皮较厚，需经浸种和催芽后，种子出苗才快而整齐。一般每亩用种量40～50克。播种前应进行晒种和消毒处理，种子消毒方法：(1)温汤浸种法。把种子放入55℃热水中，不断搅拌，保持恒温15分钟，然后，让水温降到30℃浸种。(2)药液浸种法。选用10%磷酸三钠液浸种20分钟可防治病毒病；选用1%硫酸铜溶液浸种5～10分钟可防治炭疽病、疫病；将预浸过的种子放入0.1%的农

用链霉素液中 30 分钟，可防止疮痂病、青枯病的发生。用药剂浸过的种子，要用清水冲洗干净，才能催芽或播种。在水温 20～25℃中浸种 6～8 小时，用清水洗净种子外表黏附物，然后，用纱布或干净的布包好，放入恒温培养箱或用电灯泡加热催芽，也可以把纱布包好的种子，放入塑料袋内，再放入电热床垫或人体内衣中催芽，温度保持在 25～30℃。在种子催芽期间，每天要翻动种子和用温水（20～25℃）冲洗 2～3 次，一般种子催芽时间4～5天，当种子有 60%～70%露白时，即可播种。

播种与假植：播种应选冷尾暖头的晴天上午进行。播种前整平苗床，先把苗床土，浇足底水，土壤含有充足的水分才能满足种子发芽出苗的要求。水分过少，种子的芽易干枯，导致出苗不整齐。播种不能过密，也可掺些细沙土与种子混匀后播种。播种后盖上筛过的营养土，厚度以刚好盖没种子为宜，盖土要均匀。盖土过薄幼苗出土易“带帽”，盖土过厚不利于出苗，延缓出苗时间。覆土后，土上铺盖地膜和小拱棚以保温保湿。种子出苗后，及时揭去地膜，并适当通风透光，降低苗床温度，促进秧苗生长。当辣椒苗生长出 2～3 片真叶，选晴天进行假植，成活后采取日揭夜盖，同时用腐熟的淡粪水追肥 2～3 次，以促进幼苗生长。5 月上旬逐步炼苗，5 月中旬气温适宜时揭去薄膜准备定植。

5. 大田栽培技术

（1）施足基肥。一般山地土壤比较瘠薄，有机质含量低，缺磷缺钾，酸性重，保水保肥能力差，而辣椒生长期长，根系发达，需肥量大，所以要求施足基肥，每亩施农家有机肥 2500～3000 千克，复合肥料 100 千克、钾肥 20 千克、钙镁磷肥（或过磷酸钙）50 千克、石灰 50～150 千克。有机肥料需在畦中间开沟深施，化肥和石灰可撒施于畦面，再与土拌匀。

（2）整地作畦。辣椒栽培宜深沟高畦，按畦宽（连沟）0.9～1.1米，即畦面宽70～80厘米，畦沟宽20～30厘米，深20～30厘米规划筑畦。同时开好围沟、腰沟、畦沟，达到三沟配套，能排能灌。采用地膜覆盖栽培，铺地膜栽培要注意，把栽培畦整成龟背形，畦中间稍高，两边稍低。铺地膜时，膜要拉紧，膜四周和栽培穴处用土封严、压牢。地面覆盖栽培还能保水、防止土壤雨水冲刷和土壤板结、保持土壤疏松、保肥、减少杂草和减轻病虫危害，草腐烂后可增加土壤养分。

（3）适时定植。5月中旬，山区日平均气温一般已稳定在15℃以上，已适合辣椒生长。如果是利用冬闲地种植的，应适时早栽，使辣椒有一个较长的营养生长期，然后转入与生殖生长并进时期，这样可使生殖生长和营养生长平衡发展，有利结好果，多结果。前作如果是大小麦等春粮作物，应在春作收后立即整地种植，切勿延误定值时期。

（4）合理密植。合理密植的关键在于充分利用土地和光能，以利于提高单位面积土地利用率。一般山地土壤瘠薄，辣椒植株生长量不如平原，如果按照平原地区的种植密度套用，则往往会使辣椒植株达不到预期封行，导致地力和光能的浪费，因此一般应以亩栽4200株为宜。但具体密度还应看品种及土壤肥力而异。通常在1米（连沟）的畦上栽植2行，畦内行距40～50厘米，株距30厘米，植株离两边沟沿各15厘米。这样可减轻水土流失，防止雨后露根，亦有利于根系的生长发育，增强抗旱能力。定植宜选择晴暖无风天的下午进行。在定植前1～2天，秧苗用65%代森锌500倍或50%多菌灵1000倍液，加10%吡虫啉可湿性粉剂3000倍液喷施，使幼苗带药带土到田。用营养钵或泥块方格育苗的，先按行株距开好

栽植穴，穴内施少量磷肥、焦泥灰或营养土，与土壤充分拌匀后定植，秧苗栽植深度以子叶痕刚露出土面为度。定植成活后立即浇淡粪肥水点根，使幼苗根系与土壤充分密接；在浇点根水时可用800倍敌百虫药液随水浇株，以防止地下害虫危害。

(5)合理追肥。辣椒是连续生长结果而分批采收的蔬菜，因此除施足基肥外，还要及时追施速效肥。特别要注意氮、磷、钾三要素的合理搭配施用。原则上苗期以追施氮肥为主，开花、结果期要保证氮肥，增施磷、钾肥。如果开花、结果期缺少磷，就会影响果实膨大。钾能提高叶片保水能力，节制蒸腾作用，并对叶片内糖类和淀粉的合成和转运有良好促进作用。合理施用磷、钾肥，还能促进坐果和果实膨大，植株生长健壮，增强抗逆性。追肥可以分次进行，第1次追肥为提苗肥，在定植后5～7天用人粪肥250千克或尿素3～5千克加水使用，基肥不足的可过5～7天再施1次。第2次为催果肥，在门椒开始膨大时施用，每亩施氮、磷、钾含量各15%的复合肥10～15千克。第3次为盛果期追肥，在第一果即将采收，第2、3果膨大时施。此时气候适宜，生长最快，需肥量最大，为重点追肥时期，每亩施尿素10～15千克或复合肥15～20千克。以后每采摘一批青果或隔7～10天施一次肥，每次每亩施复合肥7.5～10千克，或尿素10千克。但具体的追肥次数、用量，还应根据植株长势和结果状况等来决定。

(6)中耕除草。定植后气温升高，雨水增加，杂草也随之增多，特别是梅雨季节，最易受杂草侵害，应抢晴天及时中耕除草，中耕除草以不伤及根群为原则。辣椒成活后第一遍中耕可深些；第二遍应浅，结合培土；植株挂果后，应封锄免耕，以免损伤根系，引起青枯病发生与蔓延。中后期可采取畦面铺草，以草压草。

(7)搭架与整枝。辣椒植株因结果多、果实大,地上部的负担较重,而山地一般耕作层浅薄,土质疏松,扎根浮浅,容易发生倒伏,因此在栽培上为防止倒伏,除要加强培土外,还应设置支柱或搭简易支架等方法帮扶。支柱或简易支架,是用小竹木逐株立柱,或在畦面两侧搭成栅栏形支架,再逐株用塑料绳或稻草绑在支架上。辣(甜)椒着花节以下各节都能发生侧枝,这种侧枝的生长,往往会使营养分散,不利于花枝以上分枝的发生和延伸,有碍坐果,因此,应及时将下部侧枝抹去,生长一般或差的辣椒一般可以不打侧枝。

(8)排水与灌溉。辣椒根系不发达,对氧气需求高,又因在生长前期雨水多,特别是梅雨季节,导致土壤含水量过大,易引发病害,应注意清沟排水,降低地下水位,以利根系生长。7 月下旬至 8 月进入干旱季节,要及时浇水或灌水,以免影响植株的生长和果实膨大;保持土壤湿润,还有利于预防脐腐病的发生。有灌水条件的田块,可采取沟灌或泼浇,以渗透湿润土壤。灌水深度达畦沟的 1/2 左右,不要在沟中长期积水,以免影响土壤通气,发生烂根死株。灌水时应在傍晚或晚上地温低时进行。旱地没有沟灌条件的,要千方百计取水抗旱;有条件的田块,最好采用“微蓄、微滴、微喷”等节水灌溉技术。

(9)防止辣椒的落花、落果、落叶。高山辣椒一般在 7—8 月产量形成期,常常会出现落叶、落花、落果的“三落”现象,直接影响产量。发生“三落”现象的主要原因有以下几点:

1)不良气候条件影响。如 8 月连续高温干旱,土壤长期缺水,特别是海拔低于 500 米、气温超过 35℃、灌水条件差的田块,落叶、落花、落果严重,这时如果又遇暴雨,根系吸收能力骤然削弱,使植株生理失调,导致落叶、落花、落果更加严重。

2)肥水管理不当。由于前期氮肥过多,枝叶徒长,使植株营养生长与生殖生长失调,引起落花、落果;或肥料不足,植株营养恶化,短花柱花增多,受精不良,特别是进入结果期植株需求养分急速增加,但又供应不上,迫使大量落花。

3)病虫危害。如遇高温干旱,病毒病危害严重,就会诱致落叶、落花、落果。通常炭疽病会引起落叶;红蜘蛛、茶黄螨等危害严重时,则会引起落叶、落花、落果;棉铃虫或烟青虫危害就会出现蛀果性落果。

防止辣椒落叶、落花、落果的关键是培育壮苗,加强肥水管理,及时防治病虫害,创造适宜的生长环境,增强植株抗逆性,促进稳长稳发。在夏秋高温季节与雨季,应及时浇灌和排涝,追施肥料,以利壮根、健株、护叶、促果。如遇高温暴雨,应及时排干田水,雨后即用0.1%～0.2%的磷酸二氢钾加尿素喷洒叶面。

(10)病虫害防治。高山辣椒主要病害有猝倒病、立枯病、病毒病、疫病、炭疽病、青枯病、脐腐病等,主要虫害有小地老虎、蚜虫、棉铃虫、红蜘蛛等。病虫害防治要做好预测预报,做到早防,采用农业防治措施和药剂防治措施相结合。药剂防治,要选准对口的低毒、低残量农药,在产品安全间隔期内喷药防治,各种农药交替使用。

(11)及时采收。一般前期宜尽早采收,生长瘦弱的植株更应注意及时采收。采收的基本标准是果皮浅绿并初具光泽,果实不再膨大。另外还要根据各地的消费习惯及市场行情需要,来决定采收适期,及时采收既能保证较高的市场价格,又能促进植株继续开花结果。高山辣椒采收季节气温高,宜在早晨或傍晚采收,采后的果实要放到阴凉处,防止太阳晒,要及时分级包装,可用纸板箱、竹筐等包装,贮运过程要防止果实损伤，采后迅速装上冷藏车进入冷库冷却，再及时销售。

十、辣椒无土栽培技术

辣椒无土栽培是指不用天然土壤而用基质或仅育苗时间用基质，在定植以后不用基质而用营养液灌溉的栽培方法。

辣椒无土栽培的主要优势表现在：一能克服连作障碍。设施农业中的长期连作，土传病、虫基数不断增加，作物根系分泌的有毒物质和土壤盐类积累更加严重，影响辣椒的正常生长，采用无土栽培，可以避免土传病虫害，防止根系分泌有毒物质和盐类积聚，避免土壤缺素症，且设备清洗消毒方便，可以克服连作障碍，因而被高度重视。二能生产出无污染的辣椒，无土栽培一般在温室和塑料大棚等设施内进行，生长环境是在人为控制之下进行，运用平衡施肥原理，配制营养液，避免因土壤水源和化肥、农药而污染。三能节约用水，提高肥料利用率（可以提高肥料利用率50%，节约用水70%）。四能在一些不宜种植辣椒的地方（如海岛、石山、屋顶）生产辣椒。五能减轻劳动强度，辣椒无土栽培技术是现代科学技术在辣椒生产上的集成，代表先进的生产方式，属高新农业技术，将成为未来优质蔬菜的发展方向。

1. 无土栽培的种类

无土栽培大致分为两类：一类是固体基质型；另一类是非固体基质型。前者是用固体的基质代替土壤来栽培辣椒。固体基质分无机和有机，无机基质又分为粒状、泡沫状。粒状基质包括沙、砾石、人工砾和熏炭等。无土栽培具体分类如下：

（1）沙培。用直径3毫米以下的沙作基质，以滴灌法供应营养液。

（2）砾培。用直径 3 毫米以上的天然小石块或碎石作基质，以间歇给水排水法供给营养液。

（3）熏炭培。用稻壳炭化而成，质轻而保水性好，但 pH 值高，易溶出 K^+，易细碎，营养液多用滴灌法施入。

（4）塑料泡沫培。系石油化学产品，用聚胺酯、聚乙烯等加工成海绵状或粒状的泡沫塑料为基质，一般装入 1.2 米长的塑料袋中，每袋装 20～25 升，以滴灌法供给营养液。

（5）岩棉培。用岩棉作基质的一种栽培方法。

（6）珍珠岩培。珍珠岩是一种性质稳定的惰性基质，不会吸附或溶出肥料成分，盐基置换也低。珍珠岩培多用于袋栽，滴灌供液。

（7）蛭石培。用于袋栽，一般多与其他基质混用。

（8）泥炭培。将 20 升左右的泥炭装入细长形的塑料袋中，栽培 2 株为标准型。滴灌法供液。

（9）锯木屑培。将锯木屑填入 V 字或 U 字槽中，或者装入袋中栽培。

（10）非固体基质类的无土栽培。通常指水培，见前述。

2. 目前我国主要采用的无土栽培方式

（1）营养液膜系统（NFT）。作物的根系在栽培槽内直接与营养液接触，营养液的深度不到 1 厘米，营养液循环利用。

（2）深液流法（TFT）。作物的根系浸在营养液里，营养液深度一般为 5～10 厘米，温度变化比较缓慢。

（3）浮板毛管水培法（FCH）。在深液流法的基础上，在栽培槽内增加一块厚 2 厘米、宽 12 厘米的泡沫塑料浮板，根系可在浮板下生长，便于吸收水中的养分和氧气，以及在空气中直接吸氧。

（4）袋培。用白色聚乙烯袋（规格为 70 厘米×35 厘米），内装基质18升，用滴灌法供营养液。

（5）鲁SC无土栽培。栽培槽为V字形等边的金属槽，离基部5厘米做个铁丝网，上铺基质，用营养液循环灌溉。

（6）有机生态型无土栽培。采用槽式栽培，即用3块砖平地叠起，高15厘米，内径宽48厘米，长5～15米（可依温室的类型而定），底部用塑料薄膜隔离。生产过程中全部使用有机肥。

第三节　辣椒主要间套作模式

一、辣椒露地间套模式

（一）小棚辣椒—秋黄瓜—小白菜—莴笋模式

辣椒10月下旬至11月上旬播种、大棚育苗。3月中旬小棚地膜覆盖定植，7月上旬罢园；秋黄瓜7月上中旬大田直播，10月下旬罢园；小白菜11月上旬大田撒播，12月中旬罢园；莴笋11月上中旬播种，12月中旬定植，3月上旬罢园。

（二）早春豇豆—西瓜—延秋辣椒模式

适宜于长江中下游地区。早春豇豆2月上中旬大田直播（如温度较低可使用地膜加小拱棚），5月中旬罢园；西瓜4月中旬播种，5月下旬定植，8月中旬罢园；延秋辣椒7月上中旬播种，8月底定植，12月罢园。

二、辣椒与大田作物间套模式

（一）油菜—西瓜＋辣椒—热萝卜模式

油菜于9月上旬播种育苗，10月上旬移植，厢宽3米，其中2米宽栽油菜，留1米宽的西瓜预留行，5月上中旬收获完

毕；西瓜在3月中下旬采用小拱棚营养钵育苗，5月初定植，7月初上市，8月初罢园，辣椒于3月下旬采用营养钵小拱棚育苗，移栽于西瓜行内，在西瓜株距间栽2株，辣椒可收获到10月中旬；热萝卜8月初播种，播于油菜厢面上。

（二）小麦—甜瓜＋辣椒—秋萝卜模式

小麦于10月上中旬播种，厢宽2米，其中1.5米宽种小麦，留0.5米宽的甜瓜预留行，5月中下旬收获完毕；甜瓜在4月上中旬营养钵育苗，5月上中旬定植，8月初罢园；辣椒于4月上旬采用营养钵小拱棚育苗，移栽于甜瓜行内，在甜瓜株距间栽2株，辣椒可收获到10月中旬；秋萝卜8月下旬播种，播于小麦厢面上。

三、大棚延秋辣椒间套模式

（一）早春苋菜—茄子/西瓜—延秋辣椒模式

早春苋菜采用大棚套小棚保温栽培，1月中下旬或2月初抢晴满幅撒播，3月中下旬至4月上旬罢园；茄子头年10月中下旬至11月上旬大棚套小棚冷床播种育苗，翌年2月底3月上旬套植于苋菜厢中，5月上中旬始收，6月中下旬罢园；西瓜2月中下旬大棚套小棚保温育苗，3月上中旬套植于苋菜厢中，6月中下旬收获；延秋辣椒7月中旬遮阳网育苗，8月中下旬定植，10月上中旬前后扣棚保温，10月上旬始收。

（二）大棚春番茄—夏豇豆/早大白菜—秋延辣椒模式

番茄11月上旬播种育苗，2月上旬定植，6月下旬罢园；夏豇豆/早大白菜6月下旬直播，7月中旬罢园；秋延辣椒7月中下旬播种育苗，8月下旬定植，10月下旬至12月下旬罢园。

（三）苋菜—丝瓜—延秋辣椒高产高效栽培模式

苋菜采用多层覆盖，12月中下旬播种，3月下旬至5月下旬采收；丝瓜 1 月中旬育苗，3 月下旬定植棚内侧畦上，5 月上旬揭膜引蔓上棚，6 月中旬至 8 月中旬采收；延秋辣椒 7 月中下旬遮阳网育苗，8 月中下旬定植后盖遮阳网，10 月下旬扣棚保温，11 月至 1 月采收。

（四）早紫茄—油麦菜—秋延辣椒模式

早紫茄 9 月下旬播种育苗，1 月下旬定植，6 月下旬罢园；油麦菜 7 月上旬直播，8 月下旬采收完毕；秋延辣椒 7 月下旬播种育苗，8 月下旬定植，12 月底采收完毕。

（五）大棚春黄瓜—夏豇豆—秋延辣椒模式

春黄瓜在 12 月下旬至 2 月上旬播种，2 月下旬至 3 月上旬大棚定植，6 月中下旬罢园；夏豇豆在 6 月中下旬播种，8 月收获上市；秋延辣椒 7 月中下旬遮阳网育苗，9 月上旬大棚定植，11 月至翌年 2 月上市。

（六）春大棚黄瓜—苦瓜—延秋辣椒模式

黄瓜于 2 月上旬播种育苗，3 月上中旬定植，6 月上中旬采收罢园；苦瓜 3 月上旬播种育苗，4 月上中旬在大棚内侧定植，8 月上旬采收完毕；延秋辣椒 7 月下旬播种育苗，8 月下旬定植，次年 1 月下旬采收完毕。

（七）大棚早瓠子—夏豇豆—延秋辣椒模式

大棚早瓠子 1 月上中旬播种，2 月下旬至 3 月上旬定植，4 月下旬开始收获，6 月上旬罢园；夏豇豆在 6 月上中旬直播，始收至终收期为 7 月下旬至 8 月下旬；延秋辣椒 7 月下旬至 8 月上旬播种，8 月下旬至 9 月上旬定植，10 月上中旬始收。

四、春大棚辣椒间套模式

（一）早辣椒—早大白菜—秋黄瓜模式

早辣椒 10 月中下旬播种，11 月中下旬移苗，1 月中旬移

栽，4月上旬开始上市，6月下旬罢园；早大白菜7月上旬直播，8月中下旬采收完毕；黄瓜8月上旬播种育苗，8月下旬定植，11月中旬采收完毕。

(二)早辣椒—小白菜—延秋番茄模式

早辣椒10月上旬播种，1月中旬定植，6月下旬采收完毕；小白菜7月上旬直播，8月上旬采收完毕；延秋番茄7月中旬播种育苗，8月中旬定植大棚内，11月上旬至1月上市完毕。

(三)早辣椒—小白菜—花椰菜模式

早辣椒10月中下旬播种育苗，1月下旬至2月上旬定植，6月下旬采收完毕；小白菜7月上旬直播，8月上旬采收完毕；花椰菜7月上旬播种育苗，8月下旬定植，12月上旬采收完毕。

(四)早辣椒套丝瓜—芹菜—花椰菜模式

早辣椒10月中旬播种育苗，2月上中旬定植，6月下旬采收完毕；丝瓜2月上旬播种育苗，3月下旬定植，8月下旬采收完毕；芹菜6月下旬撒播，8月下旬采收完毕；花椰菜7月下旬播种，9月上旬定植，12月上旬上市完毕。

(五)早辣椒—早大白菜—甘蓝模式

早辣椒10月上旬播种育苗，1月下旬定植，6月中旬采收完毕；早大白菜7月上旬直播，8月下旬采收完毕；甘蓝8月上旬播种育苗，9月中旬定植，12月中旬采收完毕。

(六)早辣椒—夏黄瓜—藜蒿模式

早辣椒10月下旬播种育苗，2月上旬定植，6月上旬采收完毕；黄瓜5月下旬播种育苗，6月中旬定植，8月中旬采收完毕；藜蒿8月下旬扦插，12月中旬开始采收，3月上旬采收完毕。

（七）大棚辣椒—苋菜—丝瓜—香菜—西芹模式

春辣椒于10月中旬播种育苗，次年2月中下旬大棚定植，7月下旬采收完毕；苋菜于2月上旬在定植辣椒前直播，3月中下旬采收；丝瓜于2月下旬播种育苗，3月下旬定植于大棚架边内侧，8月上旬采收完毕；7月下旬撒播香菜，10月下旬采收完毕；西芹9月上旬播种育苗，11月初定植，次年2月中旬采收完毕。

五、春大棚/秋延迟辣椒间套模式

（一）早辣椒—耐热小白菜—延秋红辣椒模式

早辣椒9月中下旬播种育苗，1月下旬定植，6月底上市完毕；耐热小白菜7月上旬直播，采用遮阳网栽培，8月上旬上市完毕；延秋辣椒7月下旬播种，8月下旬定植，10月中下旬至1月上旬红辣椒上市完毕。

（二）早辣椒—油麦菜—秋延辣椒模式

早椒10月中下旬播种育苗，1月中旬定植，4月中旬至6月下旬采收完毕；油麦菜7月上旬直播，8月中旬采收完毕；秋延辣椒7月下旬播种育苗，8月下旬定植，9月下旬至12月采收完毕。

（三）早辣椒套苦瓜—热萝卜—秋延辣椒模式

早辣椒10月上旬播种育苗，2月上旬定植，6月中旬采收完毕；苦瓜2月上旬播种育苗，3月中旬定植，8月底采收完毕；热萝卜6月下旬直播，8月中旬采收完毕；秋延辣椒7月中旬播种育苗，8月下旬定植，12月底采收完毕。

第五章　辣椒病、虫害及其防治技术

第一节　辣椒病、虫害综合防治措施

危害辣椒的病虫种类多，有时同时受几种病虫的侵害，严重威胁辣椒生产。

必须根据当地病虫害的种类、发生发展规律、气候条件等多方面的因素，总结制订出一套科学的生产管理措施。科学的生产管理是指通过人为地创造符合蔬菜生物学特性要求的生产环境，使蔬菜茁壮成长，增强抗逆性，减轻病虫害危害，最终达到丰产无公害的目的。

一、物理防治

物理防治即积极利用各种物理因素、人工或器械等杀灭害虫。

(一)采用防虫网覆盖栽培

防虫网覆盖，防虫效果90%以上，可以不必喷洒任何化学农药治虫，并能抵御大风、暴雨等自然灾害，还有增湿降温的效果。最适合夏秋季病虫害发生高峰季节的蔬菜栽培或育苗用。防虫网覆盖栽培的技术要点主要有：

(1)彻底消灭土壤前作有害残虫。前作收获后，把菜地翻犁曝晒数天后再播种。

(2)网要覆盖紧密，网四周要用泥土封死压实，以免蛾子

或害虫潜入。

(3)不使网内菜叶触网,避免害虫在网外向菜叶产卵。

(4)在夏季多雨高湿的年份,栽培管理上浇水过勤,或播种密度过大,可能会因高温高湿诱发猝倒病等发生,必须注意及时降湿和防病。

(二)人工机械捕杀

当害虫发生面积不大,不适于采用其他防治措施时,可进行人工捕杀。如地下害虫危害,可在被害株及株根际扒土捕捉,斜纹夜蛾产卵集中,可人工摘除卵块等。对活动性较强的害虫也可利用各种捕捉工具如捕虫网进行捕杀。

(三)黑光灯诱杀

利用夜间活动昆虫的趋光性,采用各种诱虫灯进行诱杀。夜蛾、螟蛾、毒蛾、菜蛾等几十种蛾类以及金龟子、蝼蛄、叶蝉等害虫可用黑光灯诱杀。

(四)黄板诱杀蚜虫

黄色对蚜虫、粉虱等有强大引诱力,田间设置黄色诱蚜板诱杀蚜虫、粉虱,可以有较好的效果,还可以减轻病毒病的发生。

黄板可以用为塑料薄膜或其他薄板制成。一般为长方形。薄膜的四周用方框固定,左右加一根支柱,以便插入地里。塑料薄膜一般为两层,膜内壁涂黄色,膜外两面涂机油;其他薄板只要涂上黄色,两面涂机油就可以了。设置田间高度不超过1米,略高于植株。

另外,银灰色有驱赶蚜虫的作用,因此在夏秋季蔬菜培育易感染病毒病的菜苗时,用银灰色的遮阳网覆盖育苗或银灰色地膜覆盖栽培,可以减少病毒病的发病率。

二、生物防治

(1)以菌治虫。用B.T.乳剂,防治菜青虫。

(2)以虫治虫。释放赤眼蜂等天敌防治害虫。

(3)以病毒治虫。用植物病毒弱毒株系N14防治病毒病;以病毒杀虫剂治菜青虫。

(4)以抗生素治病虫。用阿维菌毒防治害虫;农抗120、武夷菌素、多抗灵防治真菌性病害;农用链霉素防治细菌性病害;83增抗剂防治病毒病。

三、加强农田基本建设,改变农田生态环境条件

通过农业基本建设,改变农田生态环境条件,使它有利于蔬菜的生长发育,利于病虫害的天敌繁衍,不利于病虫草的繁殖、蔓延。

(一)创造适宜生产条件

1. 完善农田水利设施,建立排灌系统

蔬菜需水量大,怕旱又怕涝。一般菜田要求做到排灌自如,雨后菜田不积水,需要灌溉时又有水可灌溉。有条件的地区安装滴灌设备,不仅可以节省用水,而且浇灌质量高,蔬菜生长好。

2. 改善土壤理化性状

沙壤土或富有腐殖质的黏性土适宜蔬菜的生长。这两种土壤利于蔬菜种子发芽及根系发育。沙壤土能大量吸收太阳光热,土壤升温快,利于春季早熟栽培。适宜蔬菜生长的土壤应是耕作土层有30厘米以上,松软,有机质丰富肥沃,微酸性至中性。

主要改良土壤的方法有：

沙质土壤土质疏松，漏水漏肥，缺乏有机质，要增施有机质肥料；换茬间歇阶段，可种植一茬绿肥，在整地时翻入地下；逐年深翻土地；多次轮作豆科蔬菜或瓜类中的甜瓜、西瓜和南瓜等。

黏性土壤耕作层浅，缺乏有机质，通透性差，要大量增施有机肥料；掺沙；粮菜轮作、间作或套种。

强酸性土壤缺乏有机质，土壤结构差，肥力瘠薄，不适合蔬菜的生长，易造成病害的发生，主要是施石灰中和土壤酸度；大量施用有机质肥料；不施或少施生理酸性化学肥料，如硫酸铵；不种植易患根肿病的蔬菜，如大白菜、芜菁等，不种植易患青枯病的蔬菜，如番茄、菜椒、马铃薯等。施用石灰时，如果中和整个耕作层土壤的酸度，石灰需要量较多，如果石灰施用于局部土壤中，用量就应减少。此外，还要考虑其他肥料的特性，施用生理酸性肥料时，石灰用量应适当增加，而施用生理碱性肥料时石灰用量则可适当减少。

3. 防菜园土壤老化

菜园土物理结构好，土壤肥力高。但是如果耕作不善，过几年就会出现生产不稳定的情况，稍遇到干旱或多湿等不良气候就减产，有的甚至不论种什么蔬菜都生长不好。

菜园土壤老化原因主要有：由于雨水淋溶，使土壤中代换性盐基严重淋失；平时滥用化学肥料引起土壤酸化；土壤中有机质耗尽引起土壤团粒结构的破坏；长期连作，土壤中传染性病害的大量积累；不适当的过度机耕而引起的结果。

克服菜园土壤老化的方法：增施有机肥料；施用适量的石灰中和土壤的酸度；实行轮作；采取菜园土壤覆盖塑料地膜栽培等。

(二)农田合理轮作

合理轮作是绿色蔬菜生产的重要措施。城镇近郊的常年菜地,采用不同科的蔬菜之间轮作。远郊季节性菜地、高山或低海拔地区的反季节菜地,应该把蔬菜与其他农作物用地统筹规划安排轮作。如甲块地种粮,乙块地种菜,再隔一年或两三年再轮换回来。蔬菜轮作,对一般病虫害较轻的蔬菜,一般一年一轮即可,对于有毁灭性病害的蔬菜,轮作间隔时间一般不少于2年。

(三)土壤消毒

对于土壤资源少,没有多余的土地进行轮作的地区,可进行土壤消毒,以消除连作的障碍。

土壤消毒方法主要有:

1. 淹水消毒法

夏季7—8月间,前茬蔬菜收获后,菜地翻耕深20厘米以上,然后在田块四周挖土筑成20～30厘米高的田埂,灌入水,形成比土面高5厘米左右的水层,保持水层的深度,15天后排干水,晒干翻耕整地。如果在水面上覆盖塑料薄膜,或撒施一些生石灰,效果更佳。

2. 碳酸氢铵消毒法

夏季7—8月间,前茬蔬菜收获后,在畦面上均匀撒施碳酸氢铵,每亩地用30千克,然后覆盖上塑料薄膜,依靠碳酸氢铵分解的氨气消灭病虫害。一般14天后揭膜,翻耕整地。可以不必再施基肥了。该方法适合于常年菜地种植短期绿叶类。对于有蜗牛、锥螺等软体动物类害虫危害的地块消毒的效果比较好。

3. 太阳暴晒消毒法

夏秋6—9月间,将菜地翻犁,利用夏天强太阳辐射消毒,晒3～5天后，重新再翻耕晒3～5天，然后整地种植。该方法简便，适合夏秋种植各种病虫害比较轻的蔬菜。

（四）提倡间作套种

合理地间作套种，不仅可以减轻病虫害的发生和发展，还会大幅度增加收入。合理间作套种要注意以下原则：

（1）间套种要和生产条件相适应。蔬菜间套种一般要求较高的劳力和肥料等条件，在劳力充足、肥源较广的地方，可以适当采取间套种形式；相反，劳力缺、肥料不足的地方，如果过多地安排间套种，往往管理工作跟不上，造成生产的损失。

（2）根据不同蔬菜种类和品种特性，合理搭配间套种的蔬菜种类。对于间套种的蔬菜品种搭配，除了考虑它们之间的病虫害不互相感染，最好对某些病虫害互有拮抗作用。例如：秋大白菜套种青蒜，利用青蒜气味，可以减轻大白菜遭受黄条跳甲的危害，降低大白菜软腐病的发病率。

（3）要保证主作物高产，同时兼顾间套作物正常生长。要掌握主作和间套种蔬菜的适宜密度。间套种可以同畦，也可不同畦之间的隔行、隔株和隔畦间套种。各种不同种类的蔬菜或其他农作物之间的间套种，可以形成多层次、多品种结构的立体栽培模式。

（五）其他

日光温室或塑料大棚必须采用无滴塑料薄膜，以利改善大棚的湿度，减少病害的发生。对于杂草容易发生地块，最好覆盖黑色地膜或绿色地膜栽培。高山反季节蔬菜和低海拔反季节蔬菜，最好畦面覆草栽培，覆草可以护根保湿、抑制杂草和防止病害。

搞好田园清洁，减少病虫草来源的基数。前茬收获后，及时清除残株烂叶，清除田间及四周的杂草，立即进行翻晒，待

要播种时再整地作畦。日常田间操作管理疏下的病果、烂叶和整枝、打顶摘下枝梢及疏下的小果等，必须带出园外集中销毁。禁止把病株烂叶等扔入沟渠中。翻耕时，要将上茬蔬菜遗留残留农膜碎片剔除干净。

四、综合农业防治

（一）选择生产基地

绿色蔬菜生产基地应具备良好的生态条件，周围不能有工矿企业，并远离公路、机场、车站等交通要道，其环境（包括大气、灌溉水、土壤等）质量指标都符合绿色蔬菜生产标准要求。要根据基地的条件对菜田进行科学规划，合理布局，充分发挥当地资源和生态优势，走健康、持续发展的道路。

（二）选用优良品种

选用优良品种是生产绿色蔬菜的关键技术之一。

1. 有针对性地选择良种

同一种蔬菜优良品种很多，但每一个优良品种都有一定的局限性。我国幅员辽阔，各地气候差异很大，每个蔬菜生产地的种植习惯、人们的食用习惯以及当地土壤的要求都不尽相同，这就要求在栽培蔬菜时要有针对性地选择优良品种。

2. 种苗必须经过检疫

从外地引进品种，特别是国外引进品种，均应按植物检疫部门的规定进行检疫，杜绝恶性病虫草害传入。

任何来源的种子，都必须品种纯正、无破损，防止病虫害的二次传染。

3. 引进品种要按照先试验后推广的原则

各种良种都有局限性，引种时都应经过小面积试验，证明适合本地区栽培后再大面积推开。

(三)种子消毒

种子消毒是预防病虫害最经济有效的方法之一。种子消毒主要有以下几种方法:

1. 种子包衣

生产商在出售前已用药剂消毒处理过的种子叫包衣种子。这类种子不必再进行消毒,买回来可以直接播种。

2. 药剂拌种

一般药剂用量为种子质量的0.1%~0.5%。把蔬菜种子和药剂放入器皿内,摇动,使药粉与种子混合均匀后播种。常用杀菌剂是70%福美双,70%托布津;常用杀虫剂是9%敌百虫。

3. 药剂浸种

药剂浸种主要方法有:

(1)福尔马林浸种。先用其100倍水溶液浸种子15~20分钟,然后捞出种子,密闭熏蒸2~3小时,最后用清水冲洗干净。

(2)1%硫酸铜水溶液浸种。浸种子5分钟后捞出,用清水冲洗。

(3)10%磷酸三钠或2%氢氧化钠的水溶液浸种。浸种15分钟后,捞出洗净。此法有钝化病毒效果。

4. 温汤浸种

用种子量5~6倍的55℃温水浸种。浸种时,要不断搅拌种子,并随时补给温水,保持55℃水温。经10分钟后,使水温降低为25~28℃。然后洗净附着在种子上的黏质,再催芽播种。

(四)适时播种

辣椒的各种栽培模式,都有最理想的生长季节,要把辣椒

生长的关键时期安排在最适宜的生长季节，所以适时播种很关键。主要考虑如下几点：

1．根据园艺设施的性能确定播种时间

一般情况下，地膜栽培可比露地栽培播期提早10～15天；小拱棚塑料薄膜覆盖栽培可比露地栽培提早10～20天；地膜加小拱棚覆盖可比露地栽培播期提早30天左右；地膜加塑料大棚播期可比露地栽培播期提早60～70天。

2．高山反季节蔬菜的播种期

按照平原到山区海拔每上升100米，气温约降低0.55℃来计算。或按照季节延迟来计算，春季海拔高度每升高100米，气温回暖过程比当地平原迟3天；初秋转凉过程比当地平原提前4天。

3．平原秋季反季节菜的播种期

按照当地霜冻及其最低温度来临的时间来计算。

4．调整播种季节，避过病虫害发生盛期

避过病虫害发生盛期，可以减轻病虫害。例如：春季辣椒提早前一年冬季播种，育过冬苗，可以早熟丰产又可以躲过青枯病盛发期。

（五）培育壮苗

育苗移栽是争取季节、经济利用土地和实现早熟高产的重要措施，也是预防和减轻蔬菜大田病虫害的重要技术措施。

1．苗床土壤进行彻底消毒或用无土栽培的基质育苗

苗床土壤充分翻犁晒白，浇施50％多菌灵800倍液，然后播种；或将谷壳灰与锯木屑按3∶1的比例混合堆积，经发酵后作基质，采取无土栽培育苗；用石灰调节苗床土壤的pH值至5.5～6.5，培育易患青枯病和根肿病的蔬菜苗床的pH值要调至6.5～7.0。

2. 应用塑料育苗盘或塑料营养钵培育大苗并带土移植

可以有效地防止菜苗在移栽时伤根，防止土壤传播的病害感染，又不缓苗，还可抢季节、省工。

3. 覆盖银灰色的遮阳或防虫网育苗

在育苗床搭拱架覆盖银灰色的遮阳网可驱赶蚜虫，对减少病毒病的危害有显著作用。

(六)精细整地、合理密植

1. 深沟高畦

菜田除三沟配套外，整地时要求整成高20厘米以上的高畦。要求雨后畦沟不积水，畦面中间稍高、两边稍低，呈马路形。

作畦的标准因土壤质地不同，整畦的高度也应有所不同：黏质土壤和地下水位高的地方，要整更高的畦；沙质土壤可整稍低的畦；洼地整比较高的畦面；高地整比较低的畦面。

2. 合理密植

根据不同栽培方式做到合理密植，保持田间有良好的通透性。如秋季延迟种植要适当增加种植密度。

(七)中耕除草

中耕除草的目的是改善根系通气状况，除草、保墒降低田间湿度，减轻病虫害发生条件，促进生长。

(八)地面覆盖

秋冬和春季推广塑料地膜覆盖栽培。生长期长和杂草比较多的地块，应用黑色地膜覆盖，黑色地膜有除草作用，但提高土温效果差；无色或白色地膜，可提高土温和除草效果均佳，但成本高。菜地覆草，既可保墒、防病除草，又不污染土壤，还会增加菜田有机质。菜地可以全年各季用秸秆覆盖，夏季覆盖尤佳。

(九)植株调整

通过蔬菜的引蔓、整枝、摘叶、摘心等植株调整操作,目的是改变菜田群体结构的生态环境,使之通风透光,降低田间湿度,以避免病虫害的发生。植株调整应注意以下事项:

整枝等田间操作,健壮株先进行,病株后进行。若先对病株整枝后,再进行健壮枝整枝,则手及工具要消毒。常用70%酒精溶液擦洗一遍,以免传染病害。

植株调整要选择晴天进行。阴雨天禁止操作,以免伤口愈合慢,反而感染病害。

植株调整的重点工作是摘除病叶、老叶、无效侧枝和病果等。

所有植株调整下来的废物,都必须带到园外统一烧毁,如果将植株调整下来的废物作堆肥或放粪坑中作沤肥,一定要达到作堆肥或沤肥的标准后,才能使用。

(十)加强水分管理

菜园水管理的目的是保持菜园土壤在一定的湿润状态,主要是解决土壤的干旱或土壤的过湿问题。科学地管理好水分,可以使蔬菜生长健壮,减少许多病害的发生。

1. 看地浇水

富含有机质的土壤,保水与容水力强,黏土次之,沙土最差。沙质土壤要多施有机质肥、土杂肥,并采取地面覆盖,以增强保水,可用沟灌去灌水。相反,黏质土壤要多掺沙,要严格掌握灌水量,不过头,一般水淹7～8成畦沟,经0.2～0.5小时即排干水。

2. 看天浇水

晴天、热天要多灌水,冷天少灌,阴天不灌蹲苗,以防"久阴沤根"。暑夏浇水必须在上午9时前,或傍晚5时之后,避免中午浇水。但是刚定植未成活的菜苗，除早晚浇灌水外，在上午10时和下午2时，还要补浇灌2次，使土壤始终保持湿润状态，才不会死苗。

若遇暑夏炎热中午雨量很少的小雷阵雨，雨后必须立即进行补浇灌透水，否则会因为小雨遇到炎热的土壤上，水分立即蒸发形成温度很高的水蒸气，使蔬菜叶片产生生理病害。

3. 看苗浇水

根据植株的是否缺水的症状，确定是否需要浇水。

(十一)做好肥料管理

1. 蔬菜吸收肥料的特点

(1)蔬菜喜肥，是需要多肥性作物。蔬菜对养分吸收量比粮食作物大得多。与小麦相比，吸氮高40%，吸磷高20%，吸钾高1.92倍，吸钙高4.3倍。加上蔬菜产量高，周年茬口多，要求较肥沃的土壤条件，所以缺肥对蔬菜产量和质量的影响要比一般大田作物大得多。

(2)蔬菜根系吸肥能力强。

(3)蔬菜属于喜氮肥作物，对铵态氮肥敏感。如果铵氮肥(如硫酸铵、碳酸氢铵、氯化铵)施得过多，会发生严重生育障碍。所以在蔬菜栽培中，应注意各种状态氮肥的比例，铵态氮肥一般不宜超过氮肥总施肥量的1/4～1/3。

硝态氮肥(如硝酸钠、硝酸钙)，蔬菜吸收快，提高产量显著。但是过量施硝态氮肥，蔬菜体内易累积大量硝酸盐，过量硝酸盐被人食用后会转化成亚硝肽，危害人体健康。

(4)多数蔬菜吸钾量大，如茄果类、瓜类、根菜类、结球叶菜类等蔬菜吸收的矿质元素中，钾素营养占第一位。

(5)蔬菜喜钙，吸硼量高于其他作物，还会富集土壤中各种矿质元素，因此含有大量重金属盐的城镇垃圾，不能在菜田

里做肥料用。

2.绿色蔬菜施肥原则

(1)以有机肥为主,化学肥料为辅。试验表明蔬菜田单施化肥比单施有机肥,菜体中的硝酸盐残留量要高1.4倍。因此绿色蔬菜生产用肥,必须以有机肥为主,矿质化学肥料和微量元素肥为辅。

城镇垃圾经过堆集发酵,原是传统农业中一种主要有机肥,但现代城镇垃圾中有机质含量少而工业废弃物多,已成为重金属等污染的来源,因此菜田禁止城镇垃圾作肥料。即使农家垃圾,也必须把工业废弃物剔除后,再经堆集发酵无害化处理后方可使用。

除草木灰和人造有机肥外,所有有机肥都要经过堆集发酵后方可使用。试验表明:经过高温发酵后的有机粪肥,可100%杀死大肠杆菌等病原微生物,可以减少体积和质量1/2~1/3,便于田间运输使用,还可明显降解原材料中含有的六六六、滴滴涕、有机磷等有害物质。泥肥和塘泥肥要经过半年以上的堆积分化后才可使用。否则,未腐熟的有机肥在施到田间后再进行发酵,容易伤害菜根(即俗称“烧根”)。

(2)限量使用氮肥。氮素肥料是蔬菜生产使用量最大的肥料。蔬菜的整个生长期间都需要氮肥。当氮肥充足时,植株生长茂盛,叶色浓绿,高产。相反,氮肥缺乏时,茎细叶小,颜色发黄,产量和品质都下降。

但是,超量施用氮肥,会引起菜体内硝酸盐含量剧增,降低品质。易积累硝酸盐的菜,尽量少用硝态氮肥。不同种类的蔬菜,菜体内积累硝酸盐的能力有差异,一般叶菜类>根茎菜类>花(果)菜类。叶菜类最容易积累硝酸盐。

高肥力土壤(全氮量大于0.12%)不施化学氮肥。一般土壤中为0.1%～0.3%，红壤、黄壤中氮的含量不到0.1%。土壤中氮主要存在于土壤有机质中。有机质丰富的菜园，种植易积累硝酸盐的短期绿叶类，不施化学氮肥。对于一般肥力的土壤，有机肥与无机化学氮肥的用量比例不能少于1∶1。

(3)氮素肥要与其他元素肥料配合使用。如果蔬菜栽培上，单纯施用一种肥料，会对蔬菜整体生长发生不良影响。试验表明：单纯施氮比氮磷钾配合施肥，菜体内硝酸盐含量高2～5倍。在氮磷肥的基础上施用钾肥，可使蔬菜体内的硝酸盐含量大幅度降低。所以绿色蔬菜生产，对容易积累硝酸盐的蔬菜品种，要适量增加钾肥的施用量。有条件的地方，应根据土壤和蔬菜种类，大力推广蔬菜配方施肥技术，提倡使用专用肥。

(4)禁止蔬菜施氮肥后立即上市。蔬菜最后一次追施氮肥后，至产品上市必须有一段安全间隔期。蔬菜施用氮肥后的第二天，菜体内的含量最高，以后随着时间的推移逐渐减少。对于最容易累积硝酸盐的绿叶蔬菜类，应该在最后一次追施肥后的第8天才可以上市。生长在不同季节，同一种菜体内积累硝酸盐的量和硝酸盐被消解的速度有差异。在夏秋高温季节，不利于菜体内积累硝酸盐，安全间隔期可以稍短；冬春季气温低，光照弱，硝酸盐还原酶活性下降，容易积累硝酸盐，安全间隔期宜稍长。

3. 肥料施用方法

(1)基肥的施用。绿色蔬菜生产，基肥应以有机肥为主，混拌入适量的化肥。基肥施用量应占供给作物总施肥量70%以上。其中植物残体肥或土杂肥等有机肥和磷肥、草木灰全数作基肥，其他肥料可部分作基肥。基肥中氮素化肥少用硝态和铵态氮化肥。蔬菜生育中最需要磷肥的时期是在生育的

初期。如果苗期磷肥不足，即使后期补追大量的磷肥，产量还是降低了。基肥中钾肥不宜太多。常规的钾肥施用量多为蔬菜作物吸收量的0.8～1.5倍。钾肥施入土壤不易被水淋失，而且钾肥比其他成分肥料更易被蔬菜作物吸收。但是一次性钾肥施用量过多，会影响钙、镁等养分吸收，容易引起生理性缺钙、缺镁。基肥的施用方法：一般宜在菜地翻耕前全面撒施肥料；也可以条施为主进行，即在菜畦中央挖深沟，向沟里施有机肥，然后撒施化肥，再覆盖土壤、整畦面。

(2)追肥的施用。追肥应根据不同蔬菜、不同生长时期，适时适量地分期追施，以满足蔬菜各个生长时期的需要。

短期绿叶菜类，在基肥充足的基础上，全茬直到采收，可以不必追肥。如果在栽培过程发现缺肥，即需要追肥。不过最后一次追肥，必须在蔬菜采收之前8天追施。选用的肥料不用硝态氮肥，应用氮磷钾复合肥或尿素，并采用随水浇施。

生长期长的蔬菜。在初定植的苗期，经常追施氮肥，促苗健壮。蔬菜产品形成初期为追肥重点，注意按不同蔬菜种类要求，配合施用氮、磷、钾。蔬菜产品将要采收前，少追肥或不追肥。

根菜类、葱蒜类的洋葱和薯芋类，重点追肥在根或茎开始膨大期；白菜类、甘蓝类、芥菜类等长期绿叶菜，追肥重点在结球初期或花球出现初期(花椰菜)；瓜类、茄果类、豆类，追肥重点在第一朵雌花结果(荚)牢靠后。不管是哪种菜，都要注意氮肥的形态与追肥的效果。各种叶菜类的栽培早期，都可以追施硝态氮肥，但最后一次追肥应改用氮磷钾复合肥或尿素。氯化铵在降雨量多、淋失严重的季节施用，肥效高；反之，在干燥的时候，则易出现严重的浓度障碍，导致产量下降。硝酸铵和酰胺态氮肥在低温期肥效大，在多雨时期肥效稍差。淀粉类的蔬菜，如马铃薯、芋等，最好不用氯化铵氮肥，氯离子会降低这些菜的品质。

追肥的施肥方法，一是浇施。把人畜粪兑水或化肥加水溶化后浇施。种植密度大的短期绿叶菜类，全园浇施。种植密度小的长期菜类，可用条施、环施、穴施，注意肥料尽量不要施在菜叶上。二是干施。生长期长的蔬菜，在其追肥重点时期，可在菜畦的株行间，挖小洞穴，将化肥施入后，洞穴上覆盖土壤。注意每次追肥挖的小洞穴要错开。追肥要注意与其他农事活动配套。一般菜田先行中耕、除草、培土后，再施肥，次日灌水。

(3)根外追肥。根外追肥主要是指叶面喷施，使蔬菜通过叶子进行营养吸收。根外追肥适用于容易被土壤固定及淋失的肥料和春季长期下雨土壤过湿时应用。根外追肥用的肥料溶液的浓度，因作物及外界条件的差异而不同。一般为千分之几至百分之一。根外追肥最好在傍晚或早晨露水干后 9 时前进行，因为这时叶片气孔张开，有利于植株吸收。根外追肥后遇雨，须重施。

氮肥的根外追肥宜选用有机氮肥，在采收前 10 天左右进行。磷肥根外追肥宜选用过磷酸钙，须按 1∶50～80 的比例加入水浸泡一昼夜，然后过滤液体后喷洒。钾肥一般用磷酸二氢钾肥、氯化钾或硫酸钾，使用浓度以 0.3%～1.0%为宜。硼肥、钼等微量元素肥料最好都采用根外追肥方法施用，因为这些肥料使用量很少，如用做基肥或根际追肥，用量多且不易吸收。

(4)二氧化碳施肥。增施二氧化碳可以显著提高产量，增强抗逆性，现在已广泛应用。增施二氧化碳的方法有多种，最简单的方法，是采用工业副产品或天然二氧化碳气井，将二氧

化碳装在液化气瓶中放至温室内施用。这种方法简便，成本低，易于推广应用。小规模试验可用小型二氧化碳发生器、压缩二氧化碳及燃烧丙烷获得，燃烧1千克丙烷可以发生1.5立方米二氧化碳。

目前生产上采用较多的是化学反应，即以工业硫酸与农用碳酸氢铵反应，生成二氧化碳、硫酸铵和水。具体操作如下：配制稀硫酸，用90%的工业浓硫酸，按酸水比1∶3进行配制。配制时必须把浓硫酸慢慢倒入水中并不断搅拌，切不可将水直接倒入硫酸中。结果期碳酸氢铵用量为每平方米温室11～13克。把称好的碳酸氢铵用塑料袋或厚纸包着，然后在塑料袋或厚纸上捣几个孔，将其放入稀硫酸中。稀硫酸要用陶瓷缸或塑料桶存装，不可用金属桶，否则会起化学反应使硫酸失效。稀硫酸应过量，也就是在加入碳酸氢铵反应完全生成二氧化碳和硫酸铵后，还有剩余稀硫酸。这样，既可免得经常配制，又可避免因稀硫酸过少而造成碳酸氢铵中的氨挥发，导致氨气危害。二氧化碳施肥时间为9—10时，施用后2小时，或温室气温超过30℃时即可通风。阴天、雪天或气温低于15℃时不宜施肥。连续反应数次，桶内硫酸减少，放入碳酸氢铵且用木棍搅拌仍不冒气泡时，说明硫酸已用光。生成的硫酸铵可在施肥时随水浇施。为了放心使用，可用pH试纸测试桶内的酸碱度，pH值达到7左右即可放心施用。

五、安全化学药剂防治

生产绿色蔬菜，农药的使用是一个重要的方面。防治病虫草害须使用绿色农药。绿色农药就是指用药量少，防治效果好，对人畜及各种有益生物毒性小或无毒，要求在外界环境中易于分解，不造成对环境及农产品污染的高效、低毒、低残留农药。绿色农药主要有生物源农药、矿物源农药和有机农药。

生物源农药是指直接利用生物活体或生物代谢过程中产生的具有生物活性的物质或从生物提取的物质作为防治病、虫、草害和其他有害生物的农药。可分为植物源农药、动物源农药和微生物源农药。如B.T.、除虫菊素、烟碱大蒜素、性信息素、井冈霉素、农抗120、浏阳霉素、链霉素、多氧霉素、阿维菌素、芸苔素内脂、除螨素、生物碱等。

矿物源农药(无机农药)主要有硫制剂、铜制剂、磷化物，如硫酸铜、波尔多液、石硫合剂、磷化锌等，而毒性较大、残留较高的砷制剂、氟化物等不在本推荐范围之内。

有机合成农药是指毒性较小、残留低、使用安全的有机合成农药。如菊酯类，部分中、低毒性的有机磷、有机硫等杀虫剂、杀菌剂等。

(一)蔬菜病虫害发生特点

1. 病虫害种类多

蔬菜常年发生的病虫害很多，由于保护地蔬菜栽培面积的大幅度增加，病虫害发生的种类和频率也相应有所增加。主要的害虫有小菜蛾、菜青虫、甜菜夜蛾、斜纹夜蛾、黄曲条跳甲、斑潜蝇(主要有美洲斑潜蝇和南美斑潜蝇)和蚜虫(主要有桃蚜、萝卜蚜)等。病害有软腐病、病毒病、灰霉病、霜霉病、地下线虫、炭疽病、枯萎病、白粉病、锈病、青枯病等。

2. 发生面积大，危害损失重

受害蔬菜一般产量损失10%～15%，严重的甚至绝收。

3. 病虫害发生规律复杂

几种主要害虫交替发生，对不同生产季节的蔬菜造成危害。不同蔬菜发生同一种病害但症状不同，同一种蔬菜在不

同季节发生同种病害也会产生不同症状，这都为蔬菜的病虫害无公害防治增加了困难。

4. 一些次要病虫害上升为重要病虫害

杂食性夜蛾类害虫，如甜菜夜蛾、斜纹夜蛾和斑潜蝇日趋严重，蔬菜各种病毒也日趋严重。

5. 病虫害抗药性越来越强

（二）药剂选用原则

蔬菜病虫害的防治，必须贯彻“预防为主，综合防治”的方针。其药剂选用原则主要有：

（1）所有使用的农药都必须是经过农业部登记的。

（2）禁止在蔬菜上使用甲胺磷、水胺硫磷、杀虫脒、呋喃丹、氧化乐果、甲基1605、1059、3911、久效磷、磷胺、磷化锌、磷化铝、氰化物、氟乙酰胺、砒霜、氯化苦、五氯酚、二溴丙烷、401、氯丹、毒杀酚和一切汞制剂农药以及其他高毒、高残留等农药。

（3）尽可能选用无毒、无残留或低毒、低残留的农药。首先，选择生物农药或生化制剂农药。其次，选择特异昆虫生长调节剂农药，如除虫脲、灭幼脲等。再次，选择高效、低毒、低残留的农药。

（三）农药安全使用准则

（1）喷洒过农药的蔬菜，一定要过安全间隔才能上市。各种农药的安全间隔期不同。一般情况下，喷洒过化学农药的菜，夏天要过7天、冬天要过10天，才可以上市。

（2）农药使用要严格按照说明书使用，掌握好农药使用的范围、防治对象、用药量、用药次数等事项。

（3）喷洒农药要遵守农药安全规程。在配药、喷药过程中，按照规定的剂量称取药液或药粉，不得任意增加用量。

(四)农药的使用方法

1. 熟悉病虫种类,了解农药性质,对症下药

蔬菜病虫等有害生物种类虽然多,但如果掌握它们的基本知识,正确辨别和区分有害生物的种类,根据不同对象选择适用的农药品种,就可以收到好的防治效果。蔬菜病害可分为侵染病害和非侵染性病害。非侵染性病害不会传染,是由栽培技术或对环境不适应引起的(如缺素、沤根等),只要找出原因,排除了,病就好了。侵染性病害有多种形式,其中以真菌性病害为最多,约占80%,搞错了,药就无效。例如用防治细菌性病害的药去防治病毒性病害就是无效的。蔬菜虫害可分为昆虫类、螨类(蜘蛛类)、软体动物类三大类型。昆虫类中依其口器不同,分成刺吸式口器害虫和咀嚼式口器害虫,必须根据不同的害虫采用不同的杀虫剂来防治。只有选择对路,农药才能产生好的效果。

2. 正确掌握用药量

各种农药对防治对象的用药量都是经过试验后确定的,因此在生产中使用时不能随意增减。提高用量不但造成农药浪费,而且也造成农药残留量增加,易对蔬菜产生药害,导致病虫产生抗性,污染环境;用药量不足时,则不能收到预期防治效果,达不到防治目的。一般的农药使用说明书上都明确标有该种农药使用的倍数或单位面积用药量,田间使用应遵循此规定。

3. 交替轮换用药

正确复配,以延缓抗性生成。同时,混配农药还有增效作用,兼治其他病虫,省工省药。根据农药在水中的酸碱度不同,可将其分成酸性、中性和碱性3类。在混合使用时,要注意同类性质的农药相混配,中性与酸性的也能混合,但是凡是

在碱性条件下易分解的有机磷杀虫剂以及西维因、代森锌等都不能和石硫合剂、波尔多液混用。必须随配随用。农药混用还应注意混用后对作物是否产生药害。一般无机农药如石硫合剂、波尔多液等混用后可增强农药的水溶性或产生水溶性金属化合物，这种情况下植株易受药害。有的农药在出厂时就已经是复配剂。如58%瑞毒锰锌是由48%的代森锰锌和10%的瑞毒霉(甲霜灵)混合而成。农药并不能随意配合，有些农药混合没有丝毫价值，如同样的防治作用、同样防治对象的药剂加在一起。有的农药混合在一起可以增加毒性，因此农药混用必须慎重。

4. 选用适于不同蔬菜生态环境下的农药剂型

如塑料大棚内一般湿度都过大，应选用烟雾剂型的杀虫、杀菌剂。

5. 使用合适的施药器具，保证施药质量

用喷雾器或喷粉器将农药均匀地覆盖在目标上(蔬菜的病虫、杂草)，通过触杀或胃毒或熏蒸等作用，收到防治效果。农药覆盖程度越高，效果越好。以喷雾法而言，雾滴越小，覆盖面越大，雾滴分布越均匀。施药要求均匀周到，叶子正反面均要着药，尤其防治蚜虫、红蜘蛛要多喷叶背，不能丢行、漏株。

6. 加强病虫测报，经常查病查虫，选择有利时机进行防治

各种害虫的习性和危害期各有不同，其防治的适期也不完全一致。例如防治一些鳞翅目幼虫，如甘蓝夜蛾幼虫、斜纹夜蛾幼虫(夜盗虫)、甜菜夜蛾幼虫等，一般应在3龄前(即大部分幼虫进入2～3龄时)防治。此时虫体小、危害轻、抗药力弱，用较少的药剂就可发挥较高的防治效果。而害虫长大以后，不仅危害加重，抗药性增强，而且用药量增加。如果用药

过早，由于药剂的残效期有限，有可能先孵化的害虫已被杀死，而后孵化的害虫依然危害，而不得不进行第二次防治。因此要做到适时用药，既要有准确的虫情测报，又要抓时间、抢速度，力求在适宜的时间内进行施药，控制其危害。

第二节　辣椒主要病害及防治

一、疫病

（一）症状

苗期、成株期均可发生。苗期发病主要危害根茎，使根茎组织腐烂、病部缢缩，幼苗倒伏，引起湿腐，枯萎死亡。定植后叶片染病，病斑圆形或近圆形，呈暗绿色水渍状，迅速扩大使叶片部分或大部分软腐，干燥后病斑变成淡褐色，叶片脱落。茎部受害产生水渍状病斑，扩展后病斑加长，后期病部变为黑褐色，皮层软化腐烂，病部以上枝叶迅速凋萎，而且易从病部折断。果实染病始于蒂部，先出现水浸状斑点，暗绿色，后病斑扩展，果皮变褐软腐，果实多脱落或失水变成僵果，残留在枝上。

田间易积水，定植过密，通风透光不良的辣椒田发病重。

（二）防治方法

（1）选用早熟避病或抗病品种，实行 3 年以上的轮作。

（2）培育适龄壮苗，合理密植。

（3）合理施用氮、钾肥，忌偏施氮肥，增施磷、钾肥，提高抗病能力。

（4）加强田间管理。进入高温雨季，要注意暴雨后及时排除积水，棚室严防湿度过高。

(5)畦面覆草或覆膜。

(6)药剂防治。定植后可喷80%代森锰锌可湿性粉剂600倍液加以保护,15天1次。发病初期可喷洒72%霜脲锰锌可湿性粉剂200倍液,或75%百菌清可湿性粉剂倍液,或64%杀毒矾M8可湿性粉剂400~500倍液,每亩施药液40千克,隔7~10天1次,连续2~3次。棚室中还可使用45%百菌清烟剂,每亩每次250克,或5%百菌清粉尘剂,每亩每次1千克,隔9天左右1次,连续防治2~3次。

二、炭疽病

(一)症状

叶片染病,初为褪绿色水浸状斑点,逐渐变为褐色,中间淡灰色,病斑上轮生小黑点。果柄有时受害,生褐色凹陷斑且不规则,干燥时干裂。果实被害,初现水浸状黄褐色圆斑或不规则斑,斑面有隆起的同心轮纹,并生有许多黑色小点,潮湿时病斑表面溢出红色黏稠物。果实上的病斑易干缩呈膜状,有的破裂。

高温多雨发病重,排水不良,种植密度大,施肥不当或氮肥过多,通风不好,都会加重本病的发生和流行。

(二)防治方法

(1)选用抗病品种。

(2)种子消毒。

(3)发病严重的地块,与瓜、豆类蔬菜实行2~3年的轮作。

(4)加强田间管理。避免栽植过密,采用配方施肥技术,避免在湿地定植;雨季注意排水,夏季强光高温要加强覆盖畦土,预防果面日灼。

(5)药剂防治。发病初期可喷洒75%百菌清可湿性粉剂600～800倍液，或80%代森锰锌可湿性粉剂500倍液，或50%咪鲜胺乳油1000倍液，或1∶1∶200倍的波尔多液，交替喷洒，每隔7～10天喷1次。

三、疮痂病

(一)症状

辣椒疮痂病主要危害叶片、茎蔓、果实，果柄有时也可受害。叶片染病，初现许多圆形或不整齐水渍状斑点，墨绿色至黄褐色，有时出现轮纹。病部具不整形隆起凹陷，呈疮痂状，病斑大小0.5～1.5毫米，常多个连合成较大斑点，引起叶片脱落。茎枝染病，病斑呈不规则条斑或斑块，后木栓化，或纵裂为疮痂状。果实染病，出现枯黄圆形或长圆形病斑，稍隆起，墨绿色，后期木栓化。

病痂溢出的菌脓可借雨滴飞溅或昆虫传播蔓延，此病易在高温多雨的7、8月的雨后发生，尤其是台风或暴风雨后容易流行，潜育期3～5天，连作地里病菌数量多，发病尤重。

(二)防治方法

(1)选用抗病品种。

(2)种子消毒。先把种子用清水预浸1小时，然后再用农用链霉素浸泡0.5小时，拿出用清水漂洗干净再进行浸种、催芽、播种。

(3)药剂防治。在暴雨来临前或大雨过后天晴，用细菌灵每片加水2.5千克，或72%农用硫酸链霉素可溶性粉剂及100万国际单位的医用硫酸链霉素4000倍液喷雾，或70%加瑞农可湿性粉剂800倍液，隔7～10天1次，共1～2次。用

600倍20%叶枯唑可湿性粉剂、1000倍3%中生菌素可湿性粉剂、500～800倍77%氢氧化铜可湿性粉剂喷施叶片，有较好的防治效果。

四、细菌性叶斑病

(一)症状

在田间点片发生，主要危害叶片或枝条。叶片发病初呈黄绿色不规则水渍状小斑点，扩大后变为红褐色或深褐色至铁锈色，病斑膜质，大小不等。干燥时，病斑多呈红褐色。该病一经侵染扩展速度很快，一株上个别叶片或多数叶片发病，植株仍可生长，严重的叶片大部脱落。细菌性叶斑病病健交界处明显，但不隆起，是与疮痂病的主要区别点。

与辣椒、甜菜、十字花科蔬菜连作，则发病重，雨后易见该病扩展。

(二)防治方法

(1)与非辣椒、十字花科蔬菜实行2～3年轮作。

(2)南方采用高畦深沟栽植。雨后及时排水，防止积水，避免大水漫灌。

(3)种子消毒。用相当于种子重量0.3%的50%敌克松可湿性粉剂拌种。

(4)收获后及时清除病残体或及时深翻。

(5)药剂防治参照辣椒疮痂病。

五、灰霉病

(一)症状

苗期、成株期均可发病。幼苗染病，子叶先端枯死，后扩展到幼茎，幼茎缢缩变细，易自病部折断枯死。发病重的幼苗成片死亡，严重的毁棚。真叶染病出现半圆至近圆形淡褐色轮纹斑，后期叶片或茎部均可长出灰霉，致病部腐烂。成株染病，叶缘处先形成水浸状大斑，后变褐形成椭圆或近圆形浅黄色轮纹斑，密布灰色霉层，严重的致大斑连片，整叶干枯。果实染病，幼果果蒂周围局部先产生水浸状褐色病斑，扩大后呈暗褐色，凹陷腐烂，表面产生不规则轮纹状灰色霉状物。

温室大棚持续较高相对湿度是造成该病发生和蔓延的主导因素，尤其在连阴雨多的年份，气温偏低，放风不及时，棚内湿度大，会使灰霉病突然暴发和蔓延。此外，植株密度过大，生长旺盛田间郁闭，管理不当都会加重本病的发生和蔓延。光照充足对该病扩展有很强的抑制作用。南方露地春播时，低温多雨时也常会严重发生和蔓延。

（二）防治方法

（1）搞好棚室通风管理，以降低棚内湿度，特别要防止叶面结露。

（2）看地看天浇水，严防浇水过量，要特别注意避免浇水后遭遇连阴雾天。

（3）发病后及时摘除病果、病叶和侧枝，集中烧毁或深埋。

（4）药剂防治。发病初期可喷洒 50％异菌脲可湿性粉剂 1000 倍液、40％嘧霉胺可湿性粉剂 800 倍液、40％多硫悬浮剂 500 倍液、36％甲基硫菌灵悬浮剂 500 倍液。还可在保护地施用 10％速克灵烟剂，每亩每次 250 克，或 5％百菌清粉尘剂，每亩每次 1 千克。甜椒蘸花时，可在生长调节剂中加入 0.1％的 50％速克灵可湿性粉剂、50％扑海因可湿性粉剂、50％农利灵可湿性粉剂或 50％多菌灵可湿性粉剂。

六、青枯病

(一)症状

辣椒青枯病初期仅有个别枝条的叶片出现萎蔫,后扩展至整株。地上部叶色较淡,叶片不脱落,短期内保持青绿色,后期叶片变褐枯焦。病茎外表症状不明显,纵剖茎部维管束变为褐色,横切面保湿后可见到乳白色黏液溢出,这是与枯萎病的主要区别点。

青枯病多发生在地温达到20～25℃,气温30～35℃时间。尤其大雨或连阴雨后骤晴,气温急剧升高,湿气、热气蒸腾量大,更易促成该病流行。此外,连作的重茬地,或缺钾肥,管理不善的低洼、排水不良地块,或酸性土壤均利于发病。青枯病过去主要发生在南方,近年河南、河北有日趋严重之势。

(二)防治方法

(1)选用抗病品种。

(2)改良土壤,实行轮作,避免连作重茬。整地时每亩施入草木灰或石灰等碱性肥料100～150千克,使土壤呈微碱性,以抑制青枯菌的繁殖和发展。

(3)药剂防治。发病前,喷淋14%络氨铜水剂300倍液,或77%氢氧化铜可湿性粉剂500倍液,或100万国际单位的医用硫酸链霉素或72%农用硫酸链霉素可溶性粉剂4000倍液,隔7～10天1次,连续防治3～4次。发病后要拔除病株,并用石灰水灌穴消毒,或抗菌剂401的500倍液、1∶1∶100波尔多液淋灌根部,隔10～15天1次,连灌2～3次。

七、猝倒病

(一)症状

猝倒病多发生在早春育苗床或育苗盘上，常见的症状有烂种、死苗和猝倒。烂种是播种后，在种子尚未萌发或刚发芽时就遭受病菌侵染而死亡。猝倒是幼苗出土后，真叶尚未展开前，遭受病菌侵染，致使幼茎基部发生水渍状暗斑，继而绕茎扩展，逐渐缢缩呈细线状，子叶来不及凋萎幼苗即倒伏地面。湿度大时，在病苗及其附近地面上常密生白色棉絮状菌丝，可区别于立枯病。

苗床温度低，幼苗生长缓慢，再遇高湿，则容易诱发此病，特别是在局部有滴水时，很易发生猝倒病。尤其苗期遇有连续阴雨雾天，光照不足，幼苗生长衰弱发病重。当幼苗皮层木栓化后，真叶长出，则逐步进入抗病阶段。

(二)防治方法

(1)加强苗床管理。根据苗情适时适量放风，避免低温高湿条件出现，不要在阴雨天浇水，要设法消除棚膜滴水现象。

(2)苗期喷施 500～1000 倍磷酸二氢钾，或 1000～2000 倍氯化钙等，提高抗病能力。

(3)药剂防治。猝倒病多发区，在打足底水的苗床上，每平方米苗床用 70%代森锰锌可湿性粉剂喷淋，然后筛撒薄薄一层干土，将催好芽的种子撒播上，再筛撒细土进行覆盖。发病前或发病初期用 72.2%霜霉威水剂 800 倍液喷淋，每平方米喷淋药液 2～3 千克。发病时用铜铵制剂 400 倍液，效果也好。

八、病毒病

(一)症状

辣椒病毒病：主要有花叶坏死型和叶片畸形丛生 2 种类型。

花叶坏死型由烟草花叶病毒引起，病叶出现不规则褪绿、浓绿与淡绿相间的花叶症，有的叶上出现褐色坏死斑，自叶片主脉沿茎部出现黑褐色坏死条斑，造成落叶、落花、落果，以致整株死亡。叶片畸形丛生是由黄瓜花叶病毒侵染引起的植株变形，表现为病叶增厚、变小，叶脉褪绿，皱缩，凹凸不平呈线状，茎节间缩短，植株矮化，枝叶呈丛簇状。病果呈现花斑或坏死斑，畸形、易脱落。

辣椒病毒病传播途径随病原种类不同而异，但主要可分为虫传和接触传染两大类。可借虫传的病毒主要有黄瓜花叶病毒、马铃薯 Y 病毒及苜蓿花叶病毒，其发生与蚜虫的发生情况关系密切，特别是遇高温干旱天气，不仅可促进蚜虫传毒，还会降低辣椒的抗病性。烟草花叶病毒靠接触及伤口传播，通过整枝打杈等农事操作传染。此外，定植晚、连作地、低洼及缺肥地易引起该病流行。

(二)防治方法

(1)选用抗病品种。

(2)种子药剂处理：用 10%磷酸三钠或高锰酸钾 400 倍液浸种 20～30 分钟，捞出反复冲洗种子上的药液，再浸种催芽。

(3)及时除治蚜虫、白粉虱、烟粉虱、叶螨等。

(4)药剂防治。可选用 NS-83 增抗剂 100 倍液，需防 3 次，定植前 10～15 天第 1 次，定植至缓苗后第 2 次，盛果前期第 3 次。也可以在这 3 期各喷一次 0.1%硫酸锌，也有一定的防效，或 20%病毒 A 可湿性粉剂 500 倍液、1.5%植病乳剂 1000 倍液。

九、根结线虫病

（一）症状

病株根上部生长不良，叶片发黄，追肥后仍不能恢复。病株根系不发达，主、侧根局部膨大，形成根结，剖视根结，可见其中白色洋梨形的雌线虫。

根结线虫随病土、病苗及灌溉水传播，地势高燥、土壤质地疏松、盐分低的条件适宜线虫活动，有利于发病，多年连作地发病重。

在茄果类和瓜类蔬菜当中，根结线虫在辣椒上的危害并不严重，因此在根结线虫严重发生的棚室，有时可放弃种植其他果菜而种植辣椒。但是，根结线虫对辣椒的危害也不可忽视。

（二）防治方法

在有条件的地方实行水旱轮作是最有效的办法。笔者在实践中看到，目前市场上出售的杀线虫剂虽对根结线虫有一定的杀灭作用，但多数对根系发生也有抑制的后果，因此建议尽量采用下列的方法：

（1）棚室内采用韭菜与辣椒的轮茬种植，利用根结线虫不侵害韭菜的方法来阻断其生存。

（2）夏季休闲期高温淹水处理土壤。罢园后，清洁地面，在地面按每亩施用稻草 500～1000 千克，生石灰 200 千克，而后深翻 45～60 厘米，然后按 40 厘米行距起垄高 30 厘米，在沟内浇大水，使沟内存有明水。然后在地面覆盖薄膜。如温室大棚的棚膜尚好，应尽量保持完整。使 20 厘米土温保持

50℃以上，连续保持15～20天。高温处理后，再每亩用50%多菌灵可湿性粉剂2～3千克，或50%多菌灵可湿性粉剂与50%福美双可湿性粉剂等量混合剂3～4千克，撒施地面，翻入地中。

(3)氯化苦处理土壤。每亩用氯化苦30～40千克。如是原液，需用专用注射枪按行距30厘米、穴距30厘米，注入20厘米深的土壤中，每穴注入量为2～3毫升，封闭注射口。也可以放入氯化苦胶囊2～3粒，封闭。然后在地面用塑料薄膜覆盖严实，保持10～15天，而后耕翻土壤散发尽土壤中残留的农药，7～10天后再播种或定植。

(4)因条件不允许没有做上述处理，临近定植和播种时，可采用下列处理方法：在施入底肥整地耧平的基础上，每亩用1.8%阿维菌素乳油400～500毫升，加细沙25～30千克，均匀撒施地面，翻地深10～12厘米，把药沙与土混匀。定植或播种时，每亩用保得土壤接种剂80～100克，加细土25千克，均匀撒入定植或播种沟内，再用80%敌敌畏乳油1000倍液浇灌。如果进行的越冬一大茬长期栽培，最好在翌年春季，再灌用一次阿维菌素与敌敌畏的混合药液，每株灌药液200～300毫升，一般灌治1次即可。

第三节　辣椒主要虫害及防治

一、小地老虎

(一)形态特征

成虫体长16～23毫米，翅展42～54毫米，深褐色，前翅由内横线、外横线将全翅分为3段，具有显著的肾状斑、环形纹、棒状纹和2个黑色剑状纹，后翅灰色无斑纹。卵长0.5毫米，半球形，表面具纵横隆纹，初产时乳白色，后出现红色斑纹，孵化前灰黑色。幼虫体长37～47毫米，灰黑色，体表布满大小不等的颗粒，臀板黄褐色，具2条深褐色纵带。蛹长18～23毫米，赤褐色，有光泽，第5～7腹节背面的刻点比侧面的刻点为大，臀棘为短刺1对。

幼虫将辣椒从近地表部咬断幼苗的茎，造成缺苗断垄，严重时甚至毁种。

(二)防治方法

(1)预测预报。对成虫的测报可采用黑光灯或蜜糖液诱蛾器，若平均每天每台诱蛾5～10头以上，表示进入发蛾盛期，蛾量最多的一天即为高峰期，过后20～25天即为2～3龄幼虫盛期，此为防治适期。诱蛾如连续2天在30头以上，预兆将有大发生的可能。对幼虫的测报采用田间调查的方法，如定苗前每平方米有幼虫0.5～1头，或定苗后每平方米有幼虫0.1～0.3头(或百株蔬菜幼苗上有虫1～2头)，即应防治。

(2)农业防治。早春消除菜田及周围杂草，防止小地老虎成虫产卵是防治的关键一环；如已产卵，并发现1～2龄幼虫，则应先喷药后除草，以免个别幼虫藏身隐蔽。清除的杂草要远离菜田，沤粪处理。

(3)诱杀防治。可用黑光灯诱杀成虫。还可用糖醋液诱杀成虫，配方是糖6份、醋3份、白酒1份、水10份、90%敌百虫1份调匀。或用泡菜水加适量的农药，在成虫发生期放置，均有诱杀效果。某些发酵变酸的食物，如甘薯、胡萝卜、烂水果等加入适量药剂，也可诱杀成虫。此外，还可用堆草诱杀幼虫，即在菜苗定植前，小地老虎仅能以田间的杂草为食，因此

可选择小地老虎喜食的灰菜、刺儿菜、苦荬菜、小旋花、艾蒿、青蒿、白茅、鹅儿草等杂草，堆放诱集小地老虎幼虫，或人工捕捉，或拌入药剂毒杀。

(4)化学防治。小地老虎 1～3 龄幼虫期抗药性差，且暴露在寄主植物或地面上，是药剂防治的适期。可用 2.5%溴氰菊酯乳油 2500 倍液或 20%氰戊菊酯乳油 3000 倍液喷雾。

二、白粉虱

(一)形态特征

属同翅目粉虱科。食性极杂，尤以黄瓜、菜豆、番茄、茄子、甜椒受害最重。成若虫群集于叶背吸食汁液，被害叶片褪绿变黄、萎蔫，甚至全株枯死，分泌蜜露诱发煤污病，还可传播病毒病。

(二)防治方法

(1)清除温室周围的杂草。

(2)黄板诱杀。用人工制作或商品黄板吊挂在温室内，经常进行诱杀。

(3)生物防治。利用丽蚜小蜂、草蛉等控制白粉虱危害。

(4)药剂防治。在虫害发生初期，及早喷洒 25%扑虱灵可湿性粉剂 1500 倍液、2.5%天王星乳油 3000 倍液、20%灭扫利乳油 2000 倍液、0.3%苦参碱水剂 1500 倍液，喷药时注意先喷叶片正面，再喷叶背面。

三、棉铃虫

(一)形态特征

成虫为黄褐色蛾子，体长 14～20 毫米。前翅各线纹清晰，翅中具肾形斑各1个，后翅淡黄色，端区呈深褐色宽带。卵呈扁球形，乳白色，大小约0.5毫米，卵面具长短纵棱，纵棱间有横纹，构成长方格形。老熟幼虫体长可达35毫米，头部褐色，体色有多种色型，如黑色、黄色褐斑、绿色黄斑、灰褐色、红色、黄色等。气门线、背侧线清晰。体表密布纵向细条纹，各节上有毛片12个，与烟青虫的显著区别是头部的后毛不低于对应的傍额毛。蛹纺锤形，长13～24毫米，赤褐至黑褐色，具2臀棘。

以幼虫蛀食花蕾、花、果为主，也啃食嫩茎、叶和芽。花蕾受害时，苞叶张开，变成黄绿色，2～3天后脱落。幼果常被吃空或引起腐烂而脱落。成果虽然只蛀食部分果肉，但因蛀孔在蒂部，容易滴入雨水或进入病原菌而引起腐烂，1头幼虫可蛀食3～5个果，造成减产。

(二)防治方法

(1)冬耕冬灌，消灭越冬蛹。

(2)用黑光灯诱杀成虫。

(3)假植杨柳枝诱杀成虫。

(4)化学防治。1.8%集琦虫螨克乳油1000倍液，2.5%天王星乳油3000倍液，B. T.乳剂250倍液，21%灭杀毙6000倍液。

四、斜纹夜蛾

(一)形态特征

成虫体长14～20毫米，翅展35～40毫米，头、胸、腹均深褐色，胸部背面有白色丛毛，腹部前数节背面中央有暗褐色丛毛。前翅灰褐色，斑纹复杂，内横线及外横线灰白色，波浪形，中间有白色条纹，在环状纹与肾状纹间，自前缘向后缘外方有

3条白色斜线，故名斜纹夜蛾。后翅白色，无斑纹。前后翅常有水红色至紫红色闪光。卵扁半球形，直径0.4～0.5毫米，初产为黄白色，后转淡绿色，孵化前紫黑色。卵粒集结成3～4层的卵块，外覆灰黄色疏松的绒毛。老熟幼虫体长35～47毫米，头部黑褐色，胴部体色可因寄主和虫口密度不同而异，有土黄色、青黄色、灰褐色或暗绿色。背线、亚背线及气门下线均为灰黄色及橙黄色。从中胸至第9腹节在亚背线内侧有三角形黑斑1对，其中以第1、7、8腹节的最大。胸足近黑色，腹足暗褐色。蛹长约15～20毫米，赭红色，腹部背面第4至第7节近前缘处各有一个小刻点。臀棘短，有1对强大而弯曲的刺，刺的基部分开。

幼虫食叶、花蕾、花及果实，严重时可将全田作物吃光。

（二）防治方法

（1）诱杀成虫：黑光灯或糖醋液等诱杀成虫。

（2）药剂防治。3龄前为点片，可结合田间管理进行挑治。4龄后夜出活动，因此施药应在傍晚进行。药剂可选用52%农地乐乳油1000～1500倍液，或18%施必得乳油1000倍液，或2.5%d王星或20%灭扫利乳油3000倍液，或40%氰戊菊酯乳油4000～6000倍液，或48%乐本斯乳油1000倍液等。10天1次，连用2～3次。

五、烟青虫

（一）形态特征

与棉铃虫区别之处是成虫体色较黄，前翅上各线纹清晰，后翅棕黑色，宽带中段内侧有1条棕黑线，外侧稍内凹。卵稍扁，纵棱一长一短，呈双序式，卵也明显。幼虫两根前胸侧毛的连线远离前胸气门下端；体表小刺较短。蛹体前段显得粗短，气门小而低，很少突起。

主要危害青椒，以幼虫蛀食蕾、花、果，也食害嫩茎、叶和芽。果实被蛀引起腐烂而大量落果，是造成减产的主要原因。

(二)防治方法

(1)冬耕冬灌，消灭虫蛹。

(2)在成虫羽化盛期，利用黑光灯或杨树枝诱杀成虫。

(3)用多体病毒开展生物防治。

(4)药剂防治。当百株卵量达20～30粒时开始用药，可选择的农药有15%安打乳剂3000倍液、10%除尽悬浮剂2000倍液、2.5%菜喜悬浮剂1000倍液、52.5%农地乐乳油1000倍液。农药要轮换使用，防止产生抗药性。

六、茄二十八星瓢虫

(一)形态特征

成虫体长6毫米，半球形，黄褐色，体表密生黄色细毛。前胸背板上有6个黑点，中间的2个常连成一个横斑。每个鞘翅上有14个黑斑，其中第2列4个黑斑呈一直线，这是与马铃薯瓢虫的显著区别。卵长约1.2毫米，弹头形，淡黄至褐色，卵粒排列较紧密。末龄幼虫体长约7毫米，初龄幼虫淡黄色，后变白色，体表多枝刺，其基部有黑褐色环纹，枝刺白色。蛹长5.5毫米，椭圆形，背面有黑色斑纹，尾端包着末龄幼虫的蜕皮。

成虫和幼虫舔食叶肉，残留上表皮呈网状，严重时全叶食尽。此外尚未舔食的瓜果表面，受害部位变硬，带有苦味，影响产量和质量。

(二)防治方法

(1)人工捕捉成虫。利用成虫假死习性,用盆承接并叩打植株使之坠落,收集灭之。

(2)人工摘除卵块。茄二十八星瓢虫产卵集中成群,颜色鲜艳,极易发现,易于摘除。

(3)药剂防治。抓住幼虫分散前的有利时机,可用90%晶体敌百虫1000倍液,或灭杀毙(21%增效氰·马乳油)6000倍液、20%氰戊菊酯或2.5%溴氰菊酯3000倍液、10%溴·马乳油1500倍液、10%菊·马乳油1000倍液、2.5%功夫乳油4000倍液等喷洒。

七、蚜虫

(一)形态特征

无翅孤雌蚜有黄绿色和红褐色两种体色。腹管长,为尾长的2.3倍,淡色。触角第6节鞭部为基部的3倍以上。尾片有曲毛6根或7根。

成虫及若虫在菜叶上刺吸汁液,造成叶片卷缩变形,植株生长不良。此外,蚜虫还传播多种病毒病,其危害远远大于蚜虫本身。

(二)防治方法

(1)银灰膜驱蚜。为避免有翅蚜迁入菜田传毒,可将要保护的菜田,使用银灰色地膜覆盖栽培、银灰色遮阳网或间隔吊挂长的银灰色膜条。

(2)药剂防治。蚜虫多着生在心叶及叶背皱缩处,药剂难以全面喷到,所以,除要求在喷药时要周到细致之外,在用药上应尽量选择兼有触杀、内吸、熏蒸三重作用的农药,如50%

抗蚜威(避蚜雾)可湿性粉剂 2000～3000 倍液,对蚜虫有特效,并且其选择性极强,仅对蚜虫有效,对天敌昆虫及蜜蜂等益虫无害,有助于田间的生态平衡。其他可选用的有 20%吡虫啉可溶剂 6000～8000 倍液、凯撒(四溴菊酯)10000 倍液、高效氯氰菊酯 6000 倍液等。

八、茶黄螨

(一)形态特征

雌螨长约 0.21 毫米,椭圆形,较宽阔,腹部末端平截,淡黄色至橙黄色,表皮薄而透明,因此螨体呈半透明状。体背部有 1 条纵向白带。足较短,第 4 对足纤细,其跗节末端有端毛和亚端毛。腹面后足体部有 4 对刚毛。假气门器官向后端扩展。雄螨长约 0.19 毫米,前足体有 3～4 对刚毛,腹面后足体有 4 对刚毛。足较长而粗壮,第 3、4 对足的基节相接。第 4 对足胫、跗节细长,向内侧弯曲,远端 1/3 处有 1 根特别长的鞭状毛,爪退化为纽扣状。卵椭圆状,五色透明,表面具纵列瘤状突起。幼螨体背有 1 条白色纵带,足 3 对,腹末端有 1 对刚毛。若螨长椭圆形,是静止的生长发育阶段,外面罩着幼螨的表皮。

成螨和幼螨集中在辣椒幼嫩部分刺吸汁液,受害叶片背面呈灰褐色或黄褐色,具油质光泽成油渍状,叶片边缘向下卷曲。受害嫩茎、嫩枝变黄褐色,扭曲畸形,严重者植株顶部干枯。受害的蕾和花,重者不能开花和坐果。青椒受害严重的要落叶、落花、落果。受害的辣椒植株常被误认为是生理病害或病毒病害。

(二)防治方法

(1)注意苗床防治,以免将螨虫带入本田。

(2)铲除田间四周杂草,减少虫源。

(3)药剂防治。有效药剂有1.8%阿维菌素乳油1500～2000倍液、20%复方浏阳霉素1000倍液、15%哒螨灵乳油3000倍液、50%四螨嗪(阿波罗)悬浮液5000倍液、73%克螨特2000～3000倍液、50%螨代治(溴螨酯乳油)1000～2000倍液。因螨类容易产生抗药性,要注意轮换用药或配合用药。

九、尖头蚱蜢

(一)形态特征

雌成虫体长41～43毫米,雄成虫体长26～31毫米,绿色或黄褐色。头尖锥状,短于前胸背板,颜面斜度与头部成锐角,触角剑状。前翅翅端尖削,长度超过后足腿节后端。后翅基部红色。后足为跳跃足,腿节较为细长,外侧下缘常有1条粉红线。卵长椭圆形,中间凹陷,一端较粗钝,黄褐色,在胶丝裹成的卵壳内不规则地斜排成3行至5行。若虫共5龄,1龄若虫草绿略带黄色,前、中足褐色,有棕色环若干,全身布满颗粒状突起。2龄若虫体色变绿,前、后翅芽可见。3龄若虫前、后翅芽未合拢,盖住后胸一半至全部。4龄若虫后翅翅芽在外侧覆盖住前翅芽,开始合拢于背上。5龄若虫翅芽增大到盖住腹部第3节或略超过。

(二)防治方法

(1)清除杂草,降低虫口密度。

(2)药剂防治。可结合防治其他虫害用药控制。可选用的农药有5%高效氯氰菊酯乳油1000～2000倍液、20%丁硫克百威乳油1000倍液等。

第四节　辣椒生理性病害防治

一、缺素症

(一)缺氮

1. 症状

辣椒缺氮时，分枝直立性差，植株开张度加大，叶片黄化并且变小。

2. 防止措施

增施有机肥是防止缺氮的有效办法，在发生植株缺氮时，在根部随水追施硝酸铵，特别是在低温季节，追施硝酸铵比追用尿素和碳酸氢铵肥效发挥得更快。同时在叶面喷洒300～500倍的尿素加100倍的白糖和食醋。

(二)缺磷

1. 症状

辣椒在苗期缺磷时，植株矮小，叶色深绿，由下而上落叶，叶尖变黑枯死，生长停滞，早期缺磷一般很少表现症状。成株期缺磷时，植株矮小，叶背多呈紫红色，茎细，直立，分枝少，延迟结果和成熟。

2. 防止措施

磷容易被土壤固定，将过磷酸钙与10倍的有机肥混合施用，可以减少磷被固定的机会。发生缺磷时，除在根部追用速效磷肥外，还需要在叶面喷洒500倍液的磷酸二氢钾，或者过磷酸钙浸提液200倍液。

(三)缺钾

1. 症状

辣椒缺钾多表现在开花以后，发病初期，下部叶尖开始发黄，然后沿叶缘在叶脉间形成黄色斑点，叶缘逐渐干枯，并向内扩展至全叶呈灼伤状或坏死状，果实变小。叶片症状是从老叶向新叶，从叶尖向叶柄发展的。

2. 防止措施

除了增施农家肥和钾素化肥以外，在植株发生缺钾症状时，在叶面喷洒500倍磷酸二氢钾或者1%草木灰浸提液。

(四)缺钙

1. 症状

辣椒缺钙时，叶尖及叶缘部分黄化，部分叶片的中肋突起；结果期缺钙时，果实会发生脐腐病或者“僵果”。

2. 防止措施

南方老菜区，要通过施用石灰消毒和调节土壤酸碱度，同时为土壤补充钙。栽培过程中，要注意克服可能影响对钙吸收的不利因素。发生植株缺钙时，可以叶面喷洒300倍的氯化钙等。

(五)缺镁

1. 症状

辣椒在缺镁时，叶子会变成灰绿色，叶脉间发生黄化，茎上的叶片出现脱落，植株矮小，果实稀疏，发育不良。

2. 防止措施

实行科学施肥，避免一次施肥过多。发生缺镁症状的应急措施是在植株两边追施钙镁磷肥，在植株上喷洒1%～2%的硫酸镁水溶液，每隔1周喷用2～3次。

(六)缺硼

1. 症状

辣椒缺硼时，根系不发达，生长点死亡，花发育不全，果实畸形。果面有分散的暗色或干枯斑，果肉出现褐色下陷和木栓化。

2. 防止措施

发生缺硼时的应急措施是叶面喷用400～800倍的硼砂或者硼酸。

二、有害气体危害

(一)氨气

撒于地表可以直接产生氨气的肥料如碳酸氢铵、氨水、新鲜鸡粪、兔粪等；撒于地表经发酵或反应后间接产生氨气的肥料如饼肥、尿素，或在石灰质土壤上的硫酸铵等，它们在施用不当时容易引起氨气积累，造成氨气危害。

发生氨气积累的棚室，在没有放风的清晨进入时，常可嗅到氨气特有的气味，趁没有放风时，用pH试纸蘸取棚膜上的水滴测定pH值。

发现有氨气积累，在温度条件允许时，首先要放风排除。同时要寻找出氨气的来源，立即进行处理：如需在地面撒施直接或间接产生氨气的肥料，天气晴好时，可以通过浇水将一部分带入土中，用土壤将其固定；连阴天时，可以在地面均匀撒施细土进行覆盖。如果是因为在棚室内发酵鸡粪、饼肥或兔粪等产生的氨气，切不要立即打开搬运，否则会因大量的氨气逸出，造成不可挽回的损失。需要立即用薄膜和泥土封闭严实，待棚室内确实没有栽的作物(包括小苗)，再将其清理出去。发现有氨气积累和危害时，在植株上喷洒1%的食醋溶

液，可以将叶面上的氨溶解中和，减轻危害。

（二）亚硝酸气

往往是连续大量施用或一次过量施用氮素化肥的结果。

发现有亚硝酸气积累和危害时，同样可以在清晨用pH试纸蘸取棚膜水滴测定pH值。天气允许时，浇水有一定降低危害的作用；在叶面喷洒0.1%小苏打水，用以中和吸附在叶面的亚硝酸，可以减轻危害。另外，要特别注意控制氮素化肥的使用，不要一次用量过大。

（三）二氧化硫

棚室内的亚硫酸可能来自两个方面，一是棚室热风炉烧用含硫较高的煤炭，应立即换用含硫低的煤炭。二是棚室周边工矿企业燃烧含硫量高的煤炭的烟气进到棚室内。遇到这种情况时，棚室通风换气时要注意风向。受到亚硫酸危害的棚室在叶面喷洒0.1%小苏打水也有减轻危害的效果。

（四）一氧化碳

热风炉或临时补温使用的火炉燃烧不充分时，容易产生煤气危害，不仅对作物产生危害，有时还要使人窒息死亡。所以，凡棚室内使用热风炉或临时加温炉的，清晨第一次进入时，都要留心防止人员煤气中毒。另外要保证炉子燃烧充分，防止产生煤气。

（五）薄膜含有对作物有毒的填充料

通常有两种情况，一是覆盖的棚膜里含有对作物有害的物质，如氯、乙烯和邻苯二甲酸二异丁酯等，遇有这种情况，只能将棚膜换掉。如果天气寒冷，可选在晴天无风的中午，将钉压固定棚膜的部分松动，再将新棚膜覆盖上去，简单地固定后，从里侧将有毒的旧膜撤下来，最后将新换上的棚膜固定牢固。二是在棚内用再生黑塑料布（盖砖坯用）覆盖进行蒜黄等

生产时，膜内常含有成分不明的有害物质，发现问题应立即撤除。

三、生育异常

（一）辣椒“三落”

1．发生原因

“三落”指辣椒生长期间发生的落花、落果、落叶现象。“三落”的直接原因是在花柄、果柄、叶柄的基部组织形成了离层，是与着生组织自然分离脱落，不是机械或人为地损伤。辣椒“三落”在每茬的栽培上都有发生，只是程度不同而已。原因既有生理的原因，也有病理方面的原因。主要分以下几个方面：

（1）温度过高或过低。气温在35℃以上，或者在15℃以下，地温30℃以上根系受到损伤，造成花粉发育不良，致使不能正常授粉受精而导致落花落果。

（2）水分过多或过于干旱。水分过多时，因为土壤缺氧导致根系生命力下降或者受到损伤，吸收功能减退，或土壤长期缺水干旱，都会造成植株水分供应不协调而引起落花、落果或落叶。

（3）光照不足。长期的低温阴雨雾天，或者种植密度过大，株行距配置不合理，造成光照不足，田间郁闭，植株生长过弱，也会出现落花落果现象。

（4）空气湿度过大。在空气湿度过大时，花粉吸水膨胀，不能从花药中散出，影响授粉受精，造成落花落果。

（5）偏施氮肥过多。在偏施氮肥过多时，植株发生徒长，营养生长过旺，引起坐果不良，发生落花落果。

（6）病虫危害。辣椒炭疽病、疮痂病、白星病以及棉铃虫、

烟青虫等危害，都可能引起大量落叶、落花和落果。也有资料介绍说，辣椒大量落叶与病毒病危害有关。

2. 预防措施

(1)选用抗逆性强(如耐高温、耐低温、耐寒、耐湿、抗病等)的优良品种。

(2)合理密植。大田栽培要搞好株行距配置，特别是棚室栽培时，当前要强调合理稀植，以保持田间有良好的通风透光条件。

(3)科学运用肥水。根据辣椒生育规律，科学进行肥水管理，要实行配方施肥，保持水分供应均衡，防止忽干忽湿，保持植株营养和生殖生长均衡发展。

(4)及时防治病虫害，严防病虫危害造成的落花、落果和落叶。

(二)辣椒高温障碍

棚室辣椒栽培时，当白天气温超过35℃或者40℃高温持续4小时以上时，夜间气温在20℃以上，空气干燥或土壤缺水，未放风或放风不及时，就会造成叶片表皮细胞被灼伤，致使茎叶损伤的现象发生。在此情况下，叶片出现黄色至浅黄褐色不规则形病斑，叶缘开始呈现漂白色，后变为黄色。轻者仅叶缘受伤，重者波及半个叶或整个叶片，形成永久性萎蔫或干枯。果实受害往往出现灼伤果。露地栽培的夏季，植株又没有封垄，叶片遮盖不好，干旱缺水又遭遇太阳暴晒，也会出现高温障碍。

减轻高温障碍主要措施有：一是选用耐热品种；二是棚室栽培注意浇水、遮阴和放风降温；三是露地栽培要实行合理密植；四是可采用与玉米等高秆作物间作，利用遮花荫降低温度。

(三)辣椒低温冷害和冻害

塑料大棚春提早、秋延迟栽培,露地春茬等都可能发生低温冷害或冻害。

低温冷害:辣椒生长期间,遇有较低温度时,会出现叶绿素减少或在近叶柄处出现黄色花斑,植株生长缓慢,此为低温障碍。遇有5℃以下0℃以上低温时,则发生冷害。遭遇冷害的植株的叶尖、叶缘出现水渍状斑块,叶组织变成褐色或深褐色,后呈现青枯状。在持续低温下,辣椒的抵抗力减弱,容易发生低温型的病害或产生花青素,导致落花、落叶和落果。

冻害:遇有0℃以下的低温时,就要发生冻害。在辣椒生产中,冻害发生可能有以下几种情况:一是苗床内个别植株受冻;二是生长点或子叶节以上3～4片真叶受冻,叶片萎垂或干枯;三是幼苗尚未出土,在地下全部被冻死;四是植株生育后期,果实在田间或挂秧保鲜期间,或者运输期间受冻,开始并不表现症状,当温度上升到0℃以上后,症状开始表现,初为水浸状,软化,果皮失水皱缩,果面出现凹陷斑,持续一段时间造成腐烂。

防止低温冷害和冻害的主要措施有:选用耐低温品种;育苗和生产要采用性能比较好的设施,并加强保温,必要时进行补温;低温季节给植株喷用天达2116、医用青霉素200毫克/千克等提高植株抗寒能力的药剂。

(四)辣椒"虎皮"病

干辣椒生产近收获期或晾干后,出现褪色个体称"虎皮病"。"虎皮病"分四种类型:一是一侧变白,变白部位边缘不明显,内部不变白或稍带黄色,无霉层,称一侧变白果,通常占50%以上;二是微红斑果,病果生褪色斑,斑上稍发红,果内无霉层;三是橙黄花斑果,干椒的表面呈现斑驳状橙黄色花斑,病斑中有的具一黑点,果实内有的生黑灰色霉层;四是黑色霉

斑果，干果表面具有稍变黄色的斑点，其上生黑色污斑，果实内有时可见黑灰色霉层。

“虎皮病”发生既有生理原因，也有病理原因。大多数是因为室外贮藏时，夜间湿度大或有露水，白天日光强烈，在暴晒下不利于色素的保持造成的。少数也有炭疽病和果腐病。

预防辣椒“虎皮”病要从生产和加工两方面着手，生产期间首先要选用抗炭疽病的品种，以减少炭疽病引起的“虎皮病”；其次是要选用结果比较集中的品种，以减少果实在田间暴露的时间。生产期间还要加强对炭疽病和果腐病的防治。及时采收，避免在田间淋雨、着露和暴晒；其次采收后最好采用烘干设备进行加工干燥。

（五）辣椒变形果

畸形果指与正常果形不相同的果实，如扭曲果、皱缩果、僵果等。

畸形果发生的原因主要有：一是受精不完全。甜椒花粉萌发的适温是 20～30℃，高于这一温度时，花粉的发芽率降低，容易产生不正形果。当温度低于 13℃时，不能进行正常受精，出现单性结实，形成僵果。当形成的花是短花柱花时，会造成授粉受精不良，容易出现落花、落果、单性结实和变形果。二是光照不良、肥水不足、果实得到的养分少或不均匀时，也容易出现变形果。三是辣椒果实的膨大先是纵向伸长，然后是横向伸长，当根系发育不好，或者受到伤害时，辣椒地上部和地下部的平衡被破坏，容易出现先端细小的尖形果。

减少畸形果发生的措施是：保持适宜的温度条件，保证正常授粉受精的需要；保证肥水正常供应，保护和促进根系发展；定期喷用叶肥，及时补充营养，确保植株健壮生长，减少畸形果发生。

第六章　辣椒采收、包装、运输和贮存

一、采收

辣椒的采收依用途、品种而异。作为鲜食的商品，一般要采收青果，也可采收红果。作为商品干辣椒，要果实全部成熟后采收，长江中下游地区多采取分次采收，最后1次整株拔下。

如果采收供贮藏的青椒，一般在初霜前几天采收，一般以果实充分长大、果皮深绿色有光泽为贮藏适宜成熟度，采收时要注意保护好果柄，最好用剪刀，连同果柄上的节一同剪下，果柄保持完好，可以增加耐贮性，摘下的青椒，轻轻放入布袋或垫纸的筐中，切不可擦伤或压裂。如果下霜前来不及采收，可将整个植株从地里拔起，散放在背风、干燥的阴凉处，活贮一段时间再摘果。青椒收获时，气温尚高，短期预贮后，待天气冷凉时，再转入正式贮藏场所。

二、分级

辣椒收获以后，要经过一些采后处理，才能进行贮藏或经运输后作为商品进入流通领域。

辣(甜)椒采收之后要经过严格的挑选，剔除有病虫害的果实，并按商品品质进行分级。不同国家和地区，由于气候、土壤和辣椒种类、品种等不同对辣(甜)椒的分级标准可能有差异，但共同的要求是:具有本品种形状，果实成熟度适中(不

能过嫩，也不能转红，红辣椒除外），表面光亮，具本品种固有色泽，无机械损伤，无病虫害，发育良好，整齐度高，有商品价值。

台湾农友协会颁布的甜椒和辣椒（红辣椒、青辣椒）的品质标准一般分为特级、优级和良级三级。甜椒又依果实大小分为大（L）：果长 12 厘米以上；中（M）：果长 9～12 厘米；小（S）：果长 9 厘米以下。

在欧美等国，甜椒在分级后还需进行打蜡处理，使甜椒果实发亮，外形美观，贮运中还可以减少果实水分损失。

我国甜椒商品质量标准规定甜椒分为一、二、三等，每等依果重分为特大、大、中、小四级。

三、标志和标签

绿色农产品标志的使用应符合相关规定。

用于包装的辣椒应符合绿色蔬菜质量标准。

标签应包括产品名称、产品执行标准、生产者及详细地址、产地、净含量、产品等级、品种、生产日期和包装日期等。

四、包装

用于包装的容器如塑料箱、纸箱等应按产品的大小规格设计，同一规格应大小一致，整洁，干燥，牢固，透气，美观，无污染，无异味，内部无尖突物，外部无钉刺，无虫蛀、腐朽、霉变现象，纸箱无受潮、离层现象。塑料箱应符合 GB8868 中的有关规定。

应按产品规格分别包装，同一包装内产品需摆放整齐紧密。

包装前后应做到：

包装前

1)采收应适时,且应避免人为、机械和其他伤害。

2)修整时,果柄不得高于果肩(甜椒),并拭去果皮上的污物。

3)修整后按相同等级、相同大小规格,集中堆置。

4)将包装纸箱折好,并将透气孔打开(洞孔自行设计)。

包装时

1)按相同等级、相同大小规格,轻放于箱内。

2)每箱以重量一致为原则。

3)箱上收货人、供应单位、供应代号、品名、等级、规格、净重、件数等标示须填写清楚。

4)捆箱时,须扎实。

包装后

1)按箱面标示,相同部分集中,整齐堆置。

2)货品须堆置阴凉处,并避免天然及人为伤害。

包装材料应符合健康和卫生标准,并具有保护产品的性能:

1)便携式薄膜和纸袋,普通纸袋和塑料盘。

2)可携带的网筒或普通网筒和袋,这些包装由塑料、黏胶纤维、纺织纤维或上述材料的复合物构成。

3)托盘或箱(高度 25 毫米以上),以纸板、碎纸浆、塑料或木浆为原料制成。包装材料外表及色泽应与辣椒产品相适宜,衬托物应该是透明的。

常用包装方法有:

1)托盘或箱外一道膜包装方法,由托盘或箱组成,即在青椒装入包装后,在托盘或箱外缠一道收缩膜。托盘和箱的容量以不超过 1 千克为限。

2)便携式薄膜袋和纸袋包装方法，方便袋可在袋上部1/3的表面打孔。孔径5毫米，5个孔即可。一般每袋容量不超过2～3千克。

3)箱包装方法，由人工在田间进行包装，可以装满，将装好的箱子直接放在运输包装内。

4)一些简单的包装如用竹筐或纱网袋包装。

五、运输

(一)预冷

甜椒在运输之前，必须进行预冷，即将采收后辣椒温度尽快降至适宜的贮运温度。如甜椒采收后的实际温度超过18～20℃，须快速冷却到8℃，不可以到运输车内慢速冷却，否则会加速果实腐烂。

辣椒预冷的方式可采用自然预冷和人工预冷两种：自然预冷就是将辣椒放在阴凉通风的地方，使其自然散热冷却；人工预冷是在辣椒采后1～2天内，运到预冷站进行预冷，辣椒温度迅速下降到9℃左右，一般采用压差预冷或强制通风预冷，也可将辣椒直接放入冷库内，降低辣椒温度，一般需存放20小时，才能达到9℃左右。

(二)运输

运输前应进行预冷，运输过程中要保持适当的温度和湿度。注意防冻、防雨淋、防晒、通风散热，不能与有毒、有害物质混运。

六、贮存

(1)贮存时应按品种、规格分别贮存，不能与有毒、有害物质混存。

（2）带果柄的辣椒应保持在 8～10℃，空气相对湿度保持在 85%～90%。

（3）库内堆码应保证气流均匀流通。

第七章　辣椒的加工

辣椒主要特点是辣，其果实中含有1.5%左右的辣椒素。辣椒除鲜食外，绝大部分以加工品的形式消费。辣椒加工具有品种多、风味各异、运输方便、使用方便的特点，是嗜辣地区使用量最大的调味料，例如八角、花椒全国产量仅万吨，而辣椒干的产量高达25万～30万吨。

辣椒加工是以辣椒作主要原料，运用各种不同的方法，添加和配用各种调味料、香辛料及一些食物加工制成的辣椒制品，它既可以做调味料应用于食品、烹调和食品加工，也可以直接做蔬菜食用。我国传统的辣椒加工方法简单，以油制、腌制、制酱、泡渍等方法为主，加工工厂分散，几乎都是以手工作坊进行。中国消费辣椒人口众多，尤以湖南、四川、贵州为甚，随着人们生活水平的提高，人们对辣椒消费的品位将越来越高，辣椒加工和辣椒深加工、精加工的市场巨大。

一、泡辣椒工业化生产加工技术

泡辣椒是利用低浓度盐水或少量的食盐腌泡新鲜辣椒，在泡菜坛内经过乳酸和酒精发酵而制成的咸酸适度、香脆可口的辣椒加工产品，其含盐量不过2%～3%。

加工工艺流程

泡辣椒是将整理后的新鲜辣椒放入坛内，加入与原料等量或稍少于原料的浓度为6%～7%的食盐水，加盖并将水注入槽口密封，使辣椒经发酵后而制成。其工艺流程如下：

鲜辣椒 → 整理 → 洗净 → 晾干 → 明水入坛泡制 → 存放后熟
　　　　　　　　　　　　　　　　↓
　　　　　　　　　　　　　　配制食盐水

制作泡辣椒的基本原理是在密封条件下发酵。根据微生物活动的先后和乳酸量的多少,发酵过程可分三个阶段。

发酵初期:入坛泡制初期,原料中的水分外渗,糖分逐渐扩散出来,泡菜液变成了含有糖分的低浓度盐水,pH 值较高。在此条件下,耐盐强和耐酸弱的微生物首先活动,如大肠杆菌、酵母菌,这时乳酸量不高,积累量为 0.2%～0.4%,并能频繁地放出气体。气体来源是大肠杆菌分解己糖时放出的二氧化碳和氢气;其次是细胞间隙内的空气因盐水渗入而逸出;另外是蔬菜组织浸泡初期进行短时间的无氧呼吸而产生。

发酵中期:由于乳酸发酵的不断进行,乳酸量逐渐积累,pH值降低。耐酸弱的大肠杆菌、腐败菌受到抵制,继之而起在发酵中期占优势的为正型乳酸菌。乳酸含量高达 0.7%～0.8%,坛内因缺氧而形成部分真空状态,霉菌受到抵制。

发酵末期:正型乳酸发酵继续进行,当乳酸量积累超过1%～1.2%时,乳酸菌本身因乳酸量的积累而受到抑制,发酵作用自行停止。

发酵中期的中间阶段的泡菜品质最佳,此时的乳酸量为0.6%。

1. 操作技术要点

(1)泡菜液的配制。泡辣椒的质量在很大程度上取决于泡菜液的质量,而泡菜液的质量又决定于盐和水的质量。

用于配制泡菜液的水必须清洁,无病原菌,无异味、臭味和杂质,应澄清透明,水的硬度在 16 度以上。一般宜选用井水和泉水以及含矿物质多的硬水,不用塘水、田水和湖水。如果水

的硬度不够，应加少量0.05%的氯化钙或是用0.2%～0.3%生石灰水短期浸泡原料以增加脆度。

配制泡菜液使用的盐应杂质少、纯度高，特别是镁盐要少，否则制品有苦味。一般以井盐或巴盐为好。

配制盐水时，将食盐按6%～8%左右的比例（与水之比）溶于水中，加热使其充分溶解，冷却备用。

为增进制品的色、香、味，还可加入黄酒2.5%、白酒0.5%、米酒1%、白糖或红糖3%，直接与盐水混合均匀；香料0.05%～0.1%装入布袋，为了加速乳酸发酵，还可在泡菜液中接种乳酸菌，或加入3%～5%的陈泡菜水。泡菜液中加糖主要是为了促进发酵，也有调味及调色的作用。香料的使用与产品色泽有关，使用时要注意。

（2）入坛泡制。选用当天采摘的新鲜辣椒，去掉烂果、虫果，充分洗涤干净，晾干明水后即可入坛泡制。先将辣椒装入坛内的一半，装紧实，放入香料袋（包），再装入辣椒至八成满，用竹片卡住，注入泡菜液将辣椒淹没，切忌原料露出液面，否则因接触空气而氧化变质。如果是用陈泡菜水泡制，应补加食盐、调料和香料，混合均匀后，再将陈泡菜水直接加入装有辣椒的坛内，盖上坛盖，加满坛槽水，存放后熟。

（3）泡制过程中的管理。泡菜坛用水封口后，应置阴凉干燥室内，避免日晒雨淋。注意坛槽水随时渗满淹没坛盖边沿，并经常更换保持清洁。取菜、揭盖、换水时切忌将坛槽水带入坛内，引起败坏。发酵中期应注意每天轻揭盖1～2次，以防因发酵造成坛内部分真空，使坛槽水倒灌坛内。

在泡制过程中要经常检查，如果发现泡菜液变质，应将其倒出坛外，并对坛内进行清洗，泡菜液过滤，滤清部分可再配入泡菜液，变质严重的应完全废除。泡菜咸味不够应加盐提高，否则不能保存。若酸味不够，应加糖继续发酵。发现长膜生花，应缓慢加入适量白酒，因酒的比重轻，可浮在表面起杀菌作用，也可加入具有抗生素的蔬菜、香料，如大蒜、红皮萝卜、紫苏叶、丁香等，对防止长膜生花有一定的作用。

泡菜除用泡菜坛保存外，为了运输方便，可将成熟泡菜装瓶，在 100℃的温度条件下杀菌 10～15 分钟，保存期一般可达 1～2 个月。

(4)质量要求。泡辣椒，要求质地嫩脆，形态饱满，颜色鲜美，风味芳香，咸酸适度。

二、辣椒酱的加工技术

辣椒酱是以辣椒和其他可发酵的原料为主，经过发酵制作成酱，再添加其他调味香料制成不同品种的制品。

传统辣椒酱的加工技术

1. 辣椒酱

(1)工艺流程(见下图)。

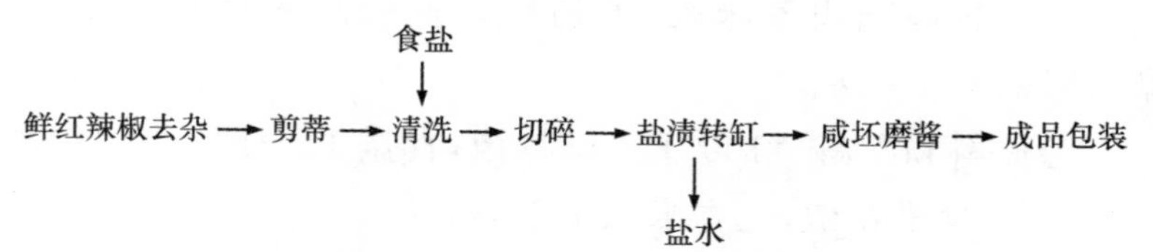

(2)操作技术要点。

1)辣椒要选成熟度好，无病害、虫咬、色泽鲜红的鲜椒。

2)鲜辣椒要挑选，除去杂质，剪去果柄、果蒂，用水洗净，晾干水分备用。

3)将备好的鲜辣椒用人工或机械方法剖碎成 1 平方厘米左右的碎片。

4)按每 100 千克鲜辣椒用盐 20～22 千克的比例入缸盐

渍,分层铺椒片撒盐,一般用盐下少上多,盐渍6天。前3天每天转缸1次,转缸时原缸的盐卤及未溶的食盐要同时转入,后3天每天用钉耙打耙1次。6天后即制成咸坯。

5)用石磨或搅肉机将咸坯磨成酱。片状大小根据不同地区食用习惯而定,磨酱或糊时按每次100千克加入16°Be′盐水(含盐3.88千克)20千克比例,一边送咸坯,一边加盐水,然后给酱中加入0.1%的苯甲酸钠,拌和均匀即为成品辣酱。

(3)成品特点。

辣椒酱色泽鲜艳,具有辣椒香气,味咸辣,稠稀均匀,无卤水析出,不懈。

2. 剁辣椒

(1)工艺流程(见下图)。

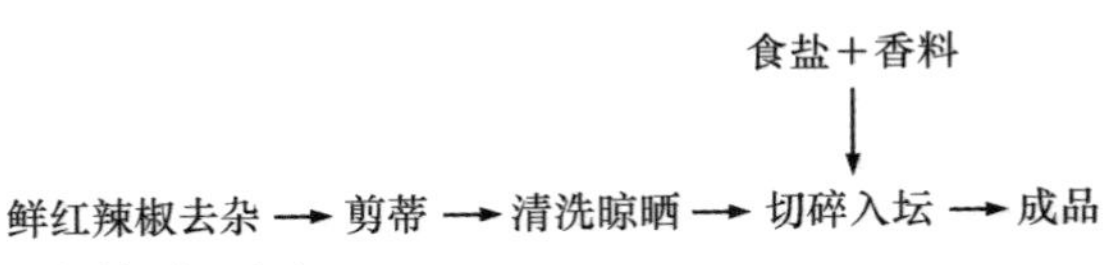

(2)操作技术要点。

1)原料要选用辣味浓、干物质含量较高的鲜红辣椒,去杂、清洗,晾干明水。

2)原料和配料。100千克鲜辣椒,食盐12～13千克,白酒0.5千克,少量花椒,五香米0.1千克。

3)利用人工方法或机械方法将鲜辣椒切碎为1平方厘米左右的碎片。

4)入坛。按上述比例将辣椒碎片、食盐、白酒、香料等充分调拌好,装入泡菜坛内,任其发酵,经过1～2个月后,即可成熟。

3. 蒜蓉辣酱的加工技术

蒜蓉辣酱是我国南方的特产,具有蒜味及辣椒香味,是上

等调味佳品，畅销国内外。其制作方法有两种：

制作方法一

(1)加工工艺流程(见下图)。

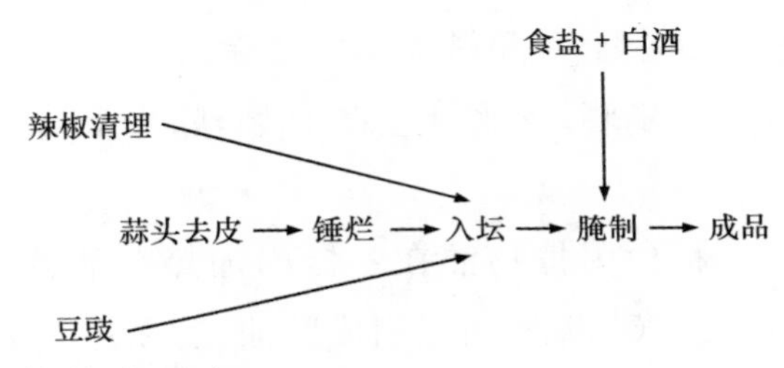

(2)操作技术要点。

1)原料比例。辣椒 100 千克，蒜头 40 千克，豆豉 15 千克，食盐 28 千克，白酒 1.5 千克。

2)原料整理。选用的辣椒洗净晾干后，除去果柄及果蒂，蒜头去皮。

3)原料处理。将整理好的辣椒、大蒜头、豆豉和适量的食盐、白酒混合，用铁锤或木棒将其锤烂，使各种原料充分混合均匀。

4)入坛。将锤烂的原料放入坛或缸内，取食盐 3 千克撒在面上，再将剩余白酒全部倒入。

5)封口。一般用石灰封闭坛(缸)。

6)腌制。密封 1 个月左右即得成品。

制作方法二

(1)加工工艺流程(见下图)。

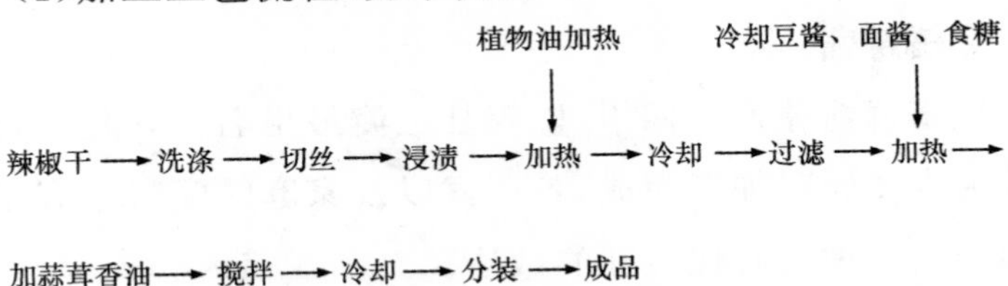

(2)加工技术要点。

1)原料比例。红辣椒100千克,蒜瓣300千克,豆酱200千克,甜面酱280千克,植物油、香油20千克,食糖200千克。

2)选料。辣椒干和配料都要挑选除去杂质、霉变料,洗净烘干或在太阳下暴晒,含水量应在10%,除去果柄、果蒂,然后切成碎丝。

3)熬油。将食用植物油在容器内加热至油冒大烟,油的温度达200~210℃,挥发油气制成熟油,后冷却至室温。

4)将原料放入冷却后的熟油中,浸渍30分钟以上,其间不停地搅动,以便吸油,植物油和原料之比为10∶2。

5)加热。缓匣加热浸渍后的油至沸点,其间不停地搅拌,至辣椒呈黄褐色,立即停火。

6)过滤。停火后立即将辣椒碎片和配料捞出,浸渍油冷却至室温,然后用棉布过滤,澄清滤油。

7)过滤后的辣椒油与豆酱、面酱和糖一起加热,再加蒜茸和香油,并充分搅拌冷却,分装即成。

(3)产品特点

色泽酱黄,蒜香味浓,略带辣味,可口开胃,食用方便,是一种复合调味品。

4. 辣椒酱工业化生产技术

以辣椒酱为主料,拌和其他酱类制成不同品种的制品。

豆瓣辣酱:

豆瓣辣酱原产于四川,以郫县豆瓣最出名。它是以辣椒、蚕豆为主要原料加工而成,各厂家以及家庭的配料略有不同。下面介绍一种具有代表性的做法。

（1）工艺流程（见下图）。

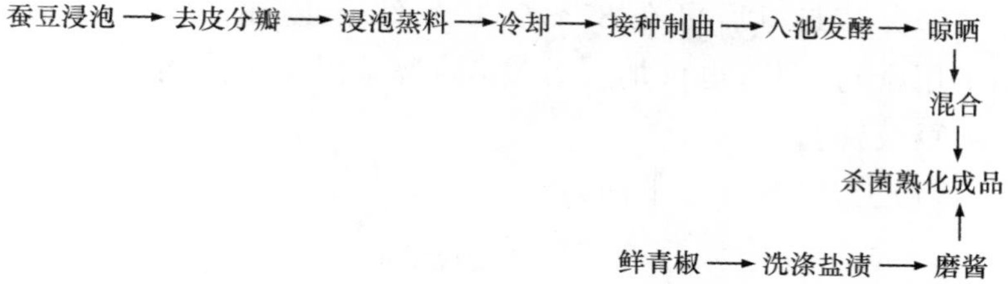

蚕豆浸泡 → 去皮分瓣 → 浸泡蒸料 → 冷却 → 接种制曲 → 入池发酵 → 晾晒 → 混合 → 杀菌熟化成品

鲜青椒 → 洗涤盐渍 → 磨酱 → 杀菌熟化成品

（2）操作技术要点。

1）原辅材料。鲜辣椒酱 50 千克，蚕豆酱 50 千克，食盐 15 千克。

2）制作豆酱。蚕豆除杂后投入清水中浸泡到无皱皮，断面无白色，并有发芽状态时沥出，用 80～85℃的 2%氢氧化钠液浸泡 4～5 分钟，捞出去皮，然后漂洗 2～3 次，继续浸泡，充分吸胀，捞出后晾干表面水分，用蒸笼蒸 2 小时，然后在锅内焖 4 小时。

将面粉炒制至略有焦香，取出放凉。按 100∶30 的比例加入面粉混合，然后按 3%接入种曲，并搅拌均匀，放入温室发酵。首先温度控制在 28℃，8～12 小时后增温到 30～36℃，将豆子翻动后，继续加温到 38～40℃，总计 24 小时，停止加温，降温至 28℃，保温 48 小时，料面出现白色菌繁殖，再保温发酵 2～3 天。

将豆料加 8%的食盐和适量生水拌匀入缸发酵，一周内每天搅拌一次，一周后 3～4 天搅拌一次，在 30℃温度下，经 25～30 天即成豆瓣酱。

3）制辣椒酱。鲜红辣椒加盐 10%和适量水，一起捣成碎片，每 1 千克辣椒出酱 1.5 千克。

4）成品混合。按比例将两种酱混合均匀，加上剩余的食

盐，加热杀菌，装坛成熟，半月后便可分装。

5)分装封口后可在 85～95℃条件下灭菌 15～25 分钟。如不用密封包装，也可加入总量 0.1%苯甲酸钠防腐。

豆豉辣酱：

(1)工艺流程(见下图)。

豆豉、调料
↓
红辣椒清理 → 洗净 → 晾干 → 碎片入缸 → 发酵 → 成品

(2)操作技术要点。

豆豉辣酱配料和加工方法不同，可制成不同风味的成品。

1)豆豉辣酱Ⅰ。

原料：鲜红辣椒 100 千克，豆豉 35 千克，食盐 12 千克，料酒 1 千克，五香调料 2 千克。

加工：选用果实完整的好鲜红辣椒用水清洗干净，在苇席上暴晒 2～3 天，去掉蒂和籽粉碎成小片。取制好的豆豉，调料煮成汤汁化盐，辣椒和豆豉用调料卤水充分搅拌均匀，然后入缸压实，加水量以淹没料面为宜。

发酵：封口后，常温下发酵 25 天即成，出缸后装瓶称重定量。

2)豆豉辣酱Ⅱ。

原料：鲜红辣椒 100 千克，豆豉 100 千克，盐 20 千克，生姜 6 千克，白酒 4 千克，花椒 1 千克。

选料：鲜红辣椒去蒂洗净粉碎成碎片，豆豉用刚发酵好的湿豆豉，生姜洗净剁成姜末，花椒磨成粉。

加工：湿豆豉、鲜辣椒酱、姜末、花椒粉、食盐、白酒拌匀装入缸内密封发酵腌制 30 天。

3)豆豉辣酱Ⅲ。

原料:鲜红辣椒 100 千克,豆豉 50 千克,食盐 15 千克,生姜 6 千克,菜油 1.5 千克。

选料:鲜红辣椒去蒂把,洗净粉碎成碎片酱,豆豉用刚发酵好的湿豆豉,生姜洗净剁成姜末。

加工:碎片辣酱、豆豉、姜末、食盐、菜油拌匀入缸,密封发酵 30 天即成。

4)辣姜豆豉。

原料:鲜红辣椒 100 千克,豆豉 120 千克,食盐 35 千克,生姜 20 千克,白酒 2 千克,花椒粉 2 千克,麻油 2 千克,五香粉 1 千克,茶水 10 千克。

选料:鲜红辣椒剪蒂把,洗净粉碎成碎片酱,鲜生姜去皮洗净磨成酱。

加工:刚发酵好的湿豆豉用食盐、五香粉、白酒、茶水拌匀入坛密封发酵 3 天,再将辣椒酱、姜酱、花椒粉、香油与发酵 3 天的豆豉拌匀入缸发酵 25 天即可。

酒酿辣酱:

(1)原料。鲜红辣椒 100 千克,白芝麻 3 千克,酒酿 5 千克,白砂糖 2 千克,精盐 15 千克,五香粉 1 千克,酒曲 0.2 千克。

(2)加工制作。

1)鲜红辣椒去杂、洗净,剪除果柄、果蒂,晾干或晒干水分,用石磨磨成碎酱,装入干净的坛内。食盐用旺火爆炒,白糖用开水熬制 5 分钟,加盐 5 千克与辣椒酱拌匀,加水 10 千克。入坛后将坛子放在太阳下暴晒 2 天,其间要经常搅拌。

2)取糯米 3 千克,蒸熟晾至 40℃时加入酒曲发酵 24 小时。

3)将芝麻研磨成细粉。

4)第三天把研细的芝麻和发酵好的酒酿拌入辣椒酱中,加入 10 千克食盐搅拌混合均匀,坛子再在太阳下敞口暴晒 2 天。

5)当辣椒酱呈深酱色时,密封坛口常温发酵 10 天即成。

多味辣酱:

(1)原料。青辣椒 60 千克,干红辣椒 40 千克,黄豆 10 千克,食盐 8 千克,芝麻 5 千克,酱油 5 千克,姜粉 1 千克,花生油、香油各 5 千克。

(2)加工制作。

1)黄豆泡涨,入笼蒸熟,烘干磨成豆粉,芝麻炒熟研细成粉,辣椒洗净剁成碎片。

2)在锅内放花生油加热,剁碎的辣椒入锅炒 3～5 分钟,反复搅拌,然后再放入豆粉、芝麻粉、姜粉、食盐、酱油翻炒3～5 分钟。

3)趁热入缸,密封缸口,常温下发酵 15～20 天,加入香油即成。

5. 辣椒沙司的加工

(1)工艺流程(见下图)。

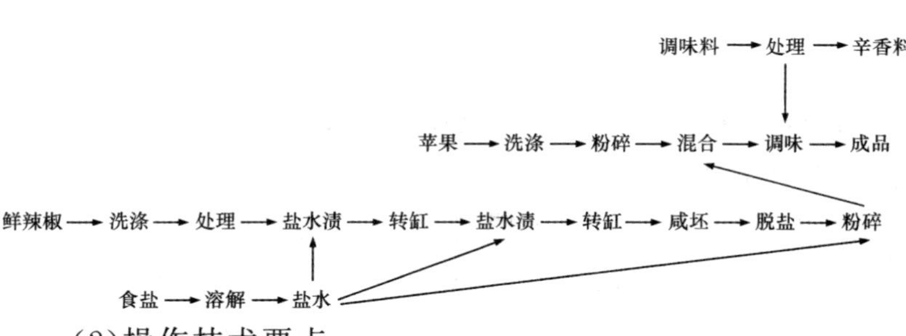

(2)操作技术要点。

原料配比:盐渍阶段,鲜辣椒 100 千克,食盐 25 千克,明矾 0.1 千克;配制阶段,辣椒咸胚 100 千克,苹果 17 千克,洋葱 2.5 千克,生姜 0.38 千克,大蒜头 0.38 千克,白糖 5 千克,味精 0.5 千克,冰乙酸 0.3 千克,柠檬酸 1 千克,食用香蕉油 0.004 千克,苯甲酸钠 0.15 千克。

选料:鲜红辣椒,色泽红艳,肉质肥厚,果形完整,无病、虫果;苹果,无霉烂,无虫蛀,无病斑;洋葱,无霉烂,未生芽的黄皮洋葱;生姜,新鲜、肥嫩的子姜或孙姜;大蒜头,蒜籽饱满、未生芽的大蒜头。

配制:

1)辣椒糊的制作。盐渍辣椒,鲜辣椒洗涤干净捞出,沥去表面水分,摘去蒂把,用直径 2.5 毫米的双头竹针在蒂把根扎两个眼,戳破果内隔膜,立即投入 21°Be′的盐水中,同时加入明矾,至满缸,盖上竹笆,压至不让辣椒露出水面,每 3 小时转缸一次,灌入原卤,同时补加食盐,确保盐水浓度 21°Be′。反复操作 20 次,制成咸坯。将辣椒咸坯去籽撕块,每块约 2 厘米,置 1.5 倍的清水中浸泡 4 小时,其间换水一次,进行脱盐,然后捞出沥干水,置于高速捣碎机中,加入 10%的浓度为 5°Be′的食盐水,粉碎成糊状即成。

2)苹果糊的制作。将苹果用清水洗净,削去果皮,挖掉种子和硬筋,再放入清水中,漂洗干净,捞出沥干水,置于高速捣碎机中,加入 10%浓度 5°Be′食盐水,粉碎成糊状即可。

3)辛香料糊的制作。生姜洗净,搓去表皮,切成 5 毫米厚的薄片;蒜瓣剥去种皮、洗净;洋葱剥掉老皮,切成 5 毫米细丝。生姜、洋葱、蒜瓣混合,置高速捣碎机中加入 10%的浓度为 5°Be′的盐水,粉碎成糊状即成。

4)原料混合。先将辣椒糊和苹果糊充分拌和均匀,再与辛香糊拌和均匀。按配方将味精、柠檬酸、白砂糖、苯甲酸钠

及香精分次加入拌和均匀。

5)装瓶。将制成的原料混合物分装入洗净烘干的玻璃瓶,称量定量,盖口密封,贴上商标装箱即为成品。

(3)产品质量要求

辣椒沙司红黄色,鲜艳,具有综合香气,鲜甜,酸咸适口,带有辣味,糊状均匀,不稀不懈,无杂质。

三、辣椒油的加工技术

1. 辣椒油的加工技术

以食用植物油和辣椒粉或碎片为主料,添加或不添其他香料或辛香调味料,浸泡在植物油中加热处理,溶解料中油性成分和可悬浮的成分,制成不同品种的辣椒油系列调味品。

(1)工艺流程(见下图)。

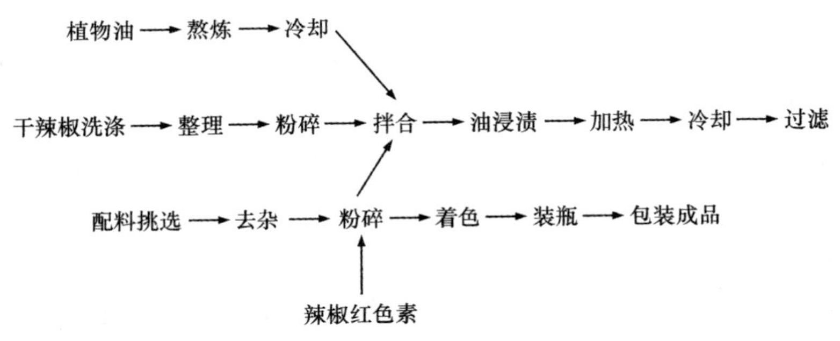

(2)操作技术要点。

1)选料。辣椒干和配料都要挑选除去杂质、霉变料,洗净烘干或在太阳下暴晒,含水量应在10%以下,除去果柄、果蒂,然后剪成小碎片与配料整粒拌和,或将辣椒和配料分别粉碎,辣椒过14目以上筛,配料过30目以上筛,然后按比例拌匀。

2)熬油。将食用植物油在容器内加热至油冒大烟、油的温度达200~210℃,挥发油气制成熟油,冷却至室温,不可选用芝麻油。

3)原料放置到冷却后的熟油中，浸渍1小时，其间不停地搅动，以便吸油。植物油和原料之比为10∶2。

4)加热。缓慢加热浸渍后的油至沸点，其间不停地搅拌，至辣椒呈黄褐色，立即停火。

5)过滤。停火后立即将辣椒碎片和配料捞出，浸渍油冷却至室温，然后用棉布过滤，澄清滤油。

6)着色。滤油可与标准色样品进行比较，色度不够的添加适量辣椒红素进行调色，色度过重需待用下次浸出色度不够的油调和，与标准色样品相同即可。

7)包装。瓶子要洗净烘干，然后灌油，旋紧瓶盖，用封口胶密封，贴上商标、标签，装箱后即为成品。

如单用辣椒即为纯正辣椒油，添加其他调味料可冠以调味料的名头，如麻辣油、香辣油、五香油等。复合辛香调味料不要超过总料的5%，麻辣油花椒用量在10%以下，香辣油芝麻粉用量在5%～10%之间。

(3)产品特点。成品油亮，色泽鲜红或橙红，具有辣香味，无哈喇气，味辣，澄清透明。

在湖南等嗜辣地区，家庭一般用简单的方法制作辣椒油。将去掉蒂和籽的红干辣椒250克用水洗净，控干水分后，剁成碎片备用。将食用植物油500克放在锅内，置炉火烧热，待油冒浓烟时，即将锅从火上撤离，待半分钟左右，将辣椒倒入油锅内油炸，并用筷子翻动，使其受热均匀。油凉后，将辣椒捞出，沥干油，所得辣椒油装瓶密封即成。

2. 油泼辣椒类的加工

油泼辣椒类是以辣椒碎片、辣椒粉为主料，添加其他调味

料用热油进行处理和调和制成。

(1)工艺流程(见下图)。

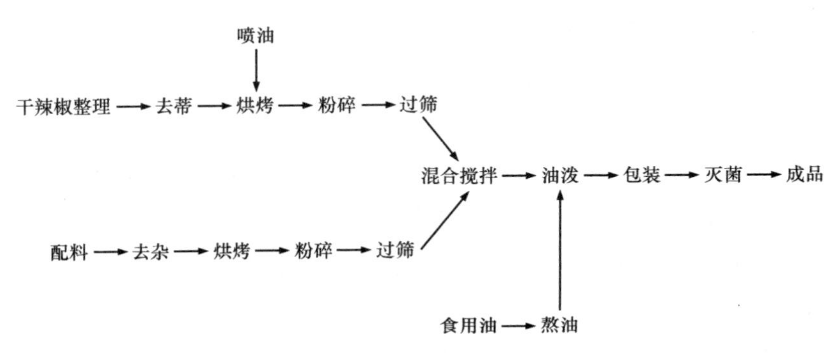

(2)操作技术要求。

配方:辣椒碎片(14 目筛孔筛过)、辣椒粉(24 目筛孔筛过)、辣椒面(40 目筛孔筛过)100 千克,细盐 20 千克,食用油 115 千克。

制作:

1)辣椒干要求辛辣味浓,成熟度好,色泽鲜红,无腐烂、变质和其他异味,含水量在 17%以下的自然干或烘干椒。挑出黄、白椒及杂质,除去果柄、果蒂。

2)烘烤要求水分烘至 8%以下,烘烤时喷淋总料量 3%的食用植物油,以利传热、放香和护色。

3)根据不同地区食用习惯粉碎后过筛,粉碎时要保证椒籽全部破碎,有利于增香。

4)按配方称好辣椒粉和食盐混合拌匀。

5)油用容器加热到 220℃,至油冒大烟,然后将油分次泼入拌好的料中,一边泼,一边搅拌,直至油料拌和均匀,用油量掌握在油、料比为 1～1.2∶1。

6)油泼好后趁热尽快装瓶,瓶子最好用易开启的四旋盖瓶，要预先洗净烘干，装好后过秤定量，然后手拿瓶在软垫上弄敦实，表面上浮出油 3～5 毫米为好，如表面无油则需加入加热后的熟油，旋紧瓶盖。

7)装瓶后趁热将瓶放入 85～95℃水浴中灭菌 30～40 分钟，要保证瓶中料温在 80℃以上灭菌 20 分钟。

8)灭菌后晾干瓶表面水分，贴上美观、醒目的商标和食品标签，装箱即为成品。

油泼辣椒系列产品的配方：

油泼辣椒以油、辣椒粉和盐配比而成，为了增加口味的丰富感，可以添加一些调味料、辛香料、增味料制成系列产品。其工艺流程和加工方法与油泼辣椒相同，加工制品的名称可按主辅料配词冠名。其配方举例如下：

五香油泼辣椒：辣椒粉 100 千克，食用油 120 千克，细盐 20 千克，五香粉 5 千克(花椒粉 1.2 千克，八角粉 0.8 千克，小茴香粉 1 千克，干姜粉 0.8 千克，桂皮 1.2 千克)。

麻辣油泼辣椒：辣椒粉 100 千克，食用油 120 千克，细盐 20 千克，花椒粉 10 千克。

蒜蓉油泼辣椒：辣椒粉 100 千克，食用油 100 千克，细盐 20 千克，蒜泥 20～30 千克。

腐乳油泼辣椒：辣椒粉 100 千克，食用油 100 千克，细盐 15 千克，腐乳泥 30～40 千克。

孜然油泼辣椒：辣椒粉 100 千克，食用油 100 千克，细盐 20 千克，孜然(安思小茴香)10 千克。安思小茴香具有很好的脱味和矫味性，故孜然油泼辣椒一般用作牛、羊肉的孜然炒肉，能很好地脱去牛、羊肉的腥膻味。

芝麻油泼辣椒：辣椒粉 80 千克，食用油 120 千克，芝麻炒熟后粉碎过 14 目筛孔的粉 20 千克，细盐 18 千克，五香

粉2千克。

花生油泼辣椒：辣椒粉70千克，食用油110千克，花生炒熟后粉碎过14目筛孔的粉40千克，细盐18千克，五香粉2千克。

肉松油泼辣椒（含鸡、牛、羊、猪肉松及鱼粉、虾粉）：辣椒粉90千克，肉松磨细过20目筛孔的粉10千克，食用油120千克，细盐15千克。

菇粉油泼辣椒：辣椒粉90千克，干平菇（香菇、冬菇）粉碎磨细过20目筛孔的菇粉10千克，食用油120千克，细盐15千克，五香粉1千克。

四、辣椒罐头的加工技术

辣椒罐头制品是指各类辣椒制品用制作罐头食品的工艺和方法制作而成。其主要目的是利用密封包装和容器，通过制作罐头工艺中的排气、灭菌、密封、真空包装造成有利于食品保存的小环境而达到保质保存的目的。

1. 罐藏原理

罐头制品得以长期保存和贮藏而不腐败变质是依赖两个方面的原因：一是通过杀菌工艺，罐头中原有微生物，主要是腐败菌、致病菌、产毒菌已经被杀灭，同时辣椒中的生物酶也被杀死，丧失生物活性，所以原有微生物和酶都不会导致罐头食品腐败变质；二是通过排气、密封，减少容器中的氧气含量并与外界隔绝，不会导致微生物的再次感染。

2. 辣椒酱罐头的加工

(1)工艺流程（见下图）。

原料 → 浸泡 → 清洗 → 粉碎 → 拌料 → 装罐 → 排气 → 封口 → 灭菌 → 冷却 → 保温 → 检查 → 成品装箱

(2)制作及工艺技术要求。

1)采用新鲜、成熟度好,无虫蛀、病斑、腐烂的鲜红辣椒,于5%的食盐水中浸泡20分钟驱虫,然后用清水洗涤3～5次,洗净泥沙、杂质,剪去蒂把。

2)按每100千克鲜辣椒加入1.5千克鲜老姜,老姜洗净,搓去姜皮,切成薄片,用粉碎机粉碎拌匀。

3)将粉碎好的辣椒酱加8%的食盐(也可不加盐)、0.5%的五香粉拌匀后装瓶,称量、定量。

4)在排气箱或笼屉内加热排气,当罐头料温达到65℃时,趁热立即封口,封口宜采用抽气封口,真空度为53328.8Pa。

5)采用沸水灭菌,玻璃瓶罐头用沸水灭菌处理10～18分钟,然后用水浴冷却至38℃以下。

6)冷却后晾干瓶面水分,罐盖涂防锈油,送入25℃恒温箱内处理5昼夜,再检查有无封口不严或涨盖现象,检查无问题可作为成品包装。

3. 肉末辣酱罐头

(1)工艺流程(见下图)。

原料整理 ⟶ 绞制肉末 ⟶ 调配炒制 ⟶ 装罐 ⟶ 排气 ⟶ 封口 ⟶ 灭菌 ⟶ 冷却 ⟶ 保温 ⟶ 检查 ⟶ 成品装箱

(2)操作技术要求。

配方:辣椒酱100千克,肉末30千克,大葱10千克,蒜头2千克,酱油2.5千克,盐4千克,12%的番茄酱10千克,白砂糖8.6千克,味精0.28千克,猪油或菜油15千克。

制作

1)辣椒酱按上述制酱工艺制取。

2)大葱剥去老皮,切去绿叶,洗净沥干后剁成细碎段;蒜头剥皮、洗净、沥干、捣碎;酱油含油量20%,四层纱布过滤;

猪肉去骨清洗干净，肥瘦比为4：1，切成1～2厘米肉丁，以2～3毫米绞肉板的绞肉机绞成肉末。

3)将油于夹层锅中加热，然后放入大葱翻炒，待约3～5分钟炸至淡黄色，捞出葱渣不用，接着放入蒜泥炸1分钟左右，将肉末倒入锅中不停翻炒3分钟，再加入番茄酱、酱油、白砂糖、食盐翻炒均匀后，加入辣椒酱，继续加热7～8分钟，最后加入味精拌匀出锅。

4)装罐、排气、封口要求同上。灭菌采用蒸汽110℃处理10～20分钟，并采用$7.84\times10^4\sim10.78\times10^4$ Pa反压冷却法冷却，冷却到38℃以下后，于30℃保温处理7天，检查挑出有问题的，然后装箱即为成品。

五、辣椒蜜饯制品加工技术

1．辣椒低糖果脯加工工艺

(1)加工工艺流程(见下图)。

选料清洗 → 去瓤、籽切片 → 护色 → 硬化 → 真空 → 浸糖 → 沥糖 → 烘干 → 上胶衣 → 整形 → 真空包装 → 成品

(2)操作技术要点。

1)选料：选用八至九成熟无腐烂、虫害，个大、肉质厚实的新鲜青椒或红辣椒为好。

2)清洗：用清水洗净泥沙及杂物。

3)去瓤、籽：纵切两半，挖去内部的瓤、籽，再用清水冲洗、沥干。

4)切片：将切分好的辣椒切成长4厘米左右、宽2厘米左右的片状。太长太宽往往会变形，在加工过程中易破碎。

5)护色：硬化切好的辣椒片立即浸入$CaCl_2$＋0.1％$NaHSO_4$＋3.5％NaCl＋3.0％NaH_2PO_4组成的混合液中进行硬

化护色处理，常温下处理1～2小时或真空（0.08MPa）处理15分钟，然后适度漂洗。

6）真空浸糖：将已漂洗沥干的辣椒片投入煮沸的糖液中烫漂2～3分钟，立即冷却至30℃时即可真空浸糖。糖液采用20%的白糖、30%的淀粉糖浆、0.2%～0.3%的果胶制成的糖胶混合液。真空度为0.087～0.09MPa，糖液温度80℃，时间30分钟，然后在常温常压下浸8～10小时。

7）沥糖：用无菌水把附在果脯表面的糖浸液冲去，沥干。

8）烘干：将沥糖后的辣椒脯摆盘放入烘房烘制，烘制过程可分两个阶段进行。第一阶段温度控制在60～64℃左右，1～2小时，使水分含量达30%～39%；第二阶段温度控制在50～55℃，烘干到含水量为25%左右（中间翻样几次），取出。

9）上胶衣：将上述果脯浸入0.6%卡拉胶溶液中，然后沥干，在80～85℃下干燥15～20分钟，再经0.5%$CaCl_2$溶液处理，烘干使其表面形成一层致密的胶衣。

10）整形、包装：按脯形大小、饱满程度及色泽分选和修整，经检验合格，在无菌室里按一定重量采用真空包装即为成品。

（3）成品技术指标。

感观指标：

1）色泽：呈红棕色或浅青绿色（原料品种不同，成品颜色不同），色泽鲜艳，半透明状。

2）形态：脯形扁平，外形完整，大小均匀，组织饱满，肉质软有弹性，在保质期内不结晶、不返砂、不流糖。

3）滋味：具有浓郁的原果香味，酸甜辣适口，无异味。

理化指标：

1）总糖含量40%～45%。

2)含水量22%～28%。

3)维生素C含量0.5～1.1毫克/克。

4)总酸含量大于1.2%。

5)残硫量(以SO_2计)低于0.2%。

6)无任何防腐剂。

(4)卫生指标符合食品卫生指标,无致病菌。

六、辣椒精加工工艺技术

辣椒的精加工是根据已经研究分析出辣椒中有实用价值的化学成分,采用适用的技术和设备将其分离出来,然后再进行工艺处理,使各种专一的成分具有实用性,以各自的特性发挥专门的作用。

1. 辣椒中用于精加工的主要成分及作用

辣椒中产生辣味的物质统称为辣椒素,辣椒素的主要成分是各种辣椒碱,其中辣椒碱占69%,二氢辣椒碱占22%,去甲二氢辣椒碱占7%,高辣椒碱占1%,高二氢辣椒碱占1%。这些辣椒碱属酰胺类化合物,分子式为$C_{18}H_{27}NO_3$。纯度高的辣椒碱为单斜棱柱或矩形片状晶体,熔点65℃,高温下产生刺激性蒸汽,辣椒碱溶于乙醇、乙醚、丙酮、乙酸乙酯及碱性水溶液等溶剂中,但不溶于冷水。辣椒素在辣椒中含量因品种而异,一般为0.2%～0.5%。辣椒素的用途广泛,辣椒碱可作为添加剂,用于需要保持本色的或无色的液体调味料或流态调味料,例如辣酱油、辣醋、辣面酱、辣豆酱等;由于辣椒碱能在高温下产生刺激性很强的蒸汽,可用于安全防暴方面制成雾气防暴弹;适量的辣椒碱还可防癌;用辣椒素制备成外敷剂有利于去瘀肿和利关节功效等很多用途。

辣椒色素系类胡萝卜系色素,呈红色至橙黄色。辣椒色素是由几种发色物质组成，其中有辣椒红色素（$C_{40}H_{56}O_3$）、辣椒玉红素（$C_{40}H_{56}O_4$），还有一种玉米黄质（$C_{40}H_{56}O_2$，以前多叫玉黍黄尿环），前两种主要存在于辣椒果皮之中，后一种主要存在于辣椒种子中。辣椒红素是辣椒中的主要色素物质，辣椒红色素与黄色素有一定的比例，大约是3.2∶1。辣椒中色素的含量为1％～1.5％，因品种、地区和成熟度不同，含量差别较大。辣椒色素既是类胡萝卜素，又是对人体有益的天然植物色素。辣椒红素色泽鲜艳，色调多样，稳定性好，对人体无任何副作用，相对于用化学方法人工合成的色素具有天然无毒无害的优越性。目前，国外如美国、日本等发达国家规定在食品、饮料等方面允许使用辣椒色素，并不受量的限制。除此之外辣椒红色素还在医药中的药片糖衣、胶囊的染色中使用，尤其是婴幼儿药片中的使用。另外在高级化妆品中也可广泛使用。我国对辣椒红色素的开发较晚，利用率很低，生产厂家不多，市场销售短缺，开发辣椒色素具有广阔的前景。

2. 辣椒素和辣椒红素的提取与分离

目前，辣椒素的提取分离精加工主要是根据其有效成分的物理性质，用有机溶剂进行浸提、蒸馏、萃取分离，最后得到辣椒素和辣椒红素。

（1）加工工艺流程（见下图）。

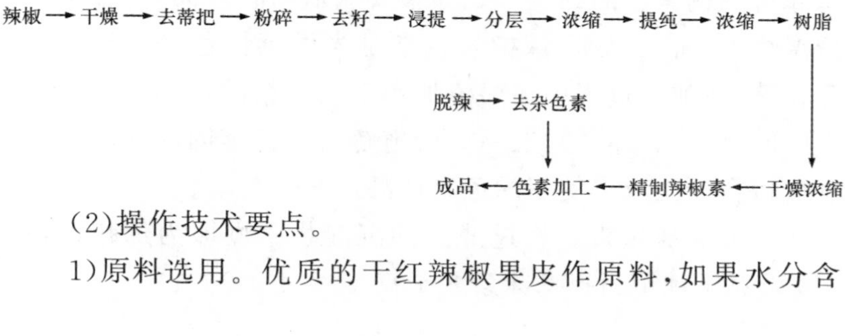

辣椒→干燥→去蒂把→粉碎→去籽→浸提→分层→浓缩→提纯→浓缩→树脂→干燥浓缩→精制辣椒素→色素加工→成品

（脱辣→去杂色素→色素加工）

（2）操作技术要点。

1）原料选用。优质的干红辣椒果皮作原料，如果水分含

量在10%以上,需要在高温45～55℃的条件下烘干至水分在10%以下,除去种子、果柄、果蒂、胎座,切成丝或碎片备用。

2)浸提。浸提溶剂用80%～95%的乙醇,在30～35℃的温度下,以液、固体积比为4～5∶1的用量浸提48小时,可以静止浸提,也可以搅动浸提,搅动浸提可加速浸出。

3)分层。浸提后静置分层,取上层液相乙醇浸提液,下层沉淀加热水过滤,滤去纤维组织,滤过液沉淀,澄清后流取上清液。

4)浓缩。取含色素的液相乙醇溶液进行浓缩,乙醇的沸点78.3℃,可在此温度下浓缩,挥发的乙醇蒸汽送至回收装置冷凝后成乙醇液再循环使用。待乙醇挥发完后用水蒸馏法继续浓缩。

5)提纯。将蒸馏后得到的黏稠状树脂用碱水溶液处理,在温度50～100℃条件下,搅拌30分钟以上,碱水溶液在5%以上,然后用盐酸将溶液的pH值调整在4.5～6.5之间,使之转化成游离脂肪酸,缓缓加入氢氧化钙,生成沉淀物,过滤得皂碱状固形物。

6)脱辣去杂。把固形物放在提取器中,按体积重量比为3～5∶1的用量,用醋酸乙酯进行浸提,在常温下静置6小时,分层后取浸出液蒸馏,脱除溶剂,除去醇溶性、水溶性杂质和辣味得到稠膏状的红色素。如果要制取粉状产品,可再浓缩,低温烘干,研磨成粉,辣椒红色素是光敏感性色素,着色后褪色显著,在加工过程中还要添加卢丁或栎精酸,以解决其稳定性的问题,同时还要采取一些措施解决染色牢固的问题,才能制成适合于工业上使用的色素产品。

7)提取辣味素。将过滤后的沉淀物干燥即为辣味素,每100千克干辣椒粗提辣味素8千克。

曾盔等1994年采用一步法浸提辣椒素，克服了分步浸提法存在工艺复杂、溶剂耗量多、成本高的缺点。其工艺流程如下：

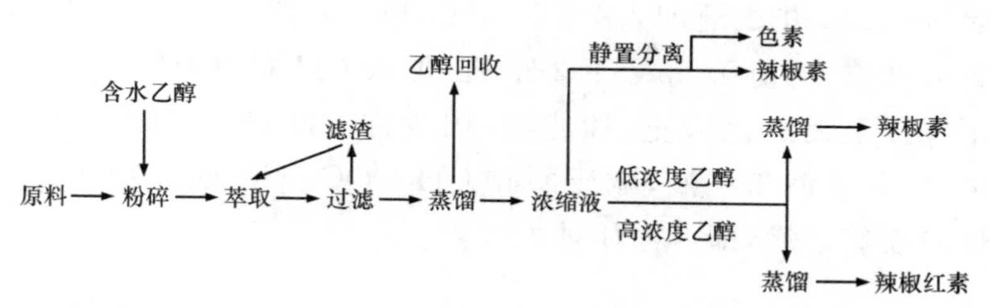

操作技术要点：

辣椒粉粒度40～60目。

乙醇浓度以95％为宜，有利于萃取辣椒素和辣椒红素。

辣椒粉与浸提液用量为1∶4.5(克∶毫升)。

浸提温度60℃。

浸提时间为4小时。

浸提次数为2次，过滤渣再进行1次浸提，两次液相混合。

对浸提液蒸馏回收乙醇后，保留适当水分，然后利用色素和辣椒素在水中的溶解性差异，通过静置、分层，使两产物初步分离，上层为色素粗品，下层为辣椒素粗品。或利用辣椒素和辣椒红素在不同浓度乙醇的溶解度不同再次萃取。高浓度乙醇(95％)提取辣椒红素，低浓度乙醇(65％)提取辣椒素，提取时间为10小时左右。

辣味素提取液浓缩干燥，即得辣椒素。辣椒红素脱辣去杂：辣椒红素粗品加入一定量的低浓度乙醇，在一定温度下搅拌30分钟，冷却后静置分层，分别收取脂相和醇水相，脂相用同法再处理一次，合并2次所得醇水相，减压回收醇后，即可

得辣味素粗品。第二次处理后的脂相加入浓度为 30% 的 NaOH 溶液，原料与溶液用量为 1∶2.5（毫克/升），处理温度为 70℃，时间为 3 小时。冷却后用 4 摩/升的 HCl 调节 pH 值至 8～8.5，并逐渐加入 5 克 $Ca(OH)_2$，搅拌，静置 20～25 分钟后抽滤，滤渣于 55℃下烘干后，加入 CH_3COOCH_3 于 55℃下浸提至无红色为止，抽滤，并用少许 CH_3COOCH_3 洗涤残渣，合并滤液与洗液，减压回收 CH_3COOCH_3，残余物真空干燥或喷雾干燥，即得固体辣椒红素。

七、辣椒的干制

1. 干制的基本原理

辣椒的干制，就是将鲜椒中的水分降到 16%左右，使其可溶性固形物的浓度提高到生物难以在其上生存和利用的程度。同时抑制辣椒体内酶的活性，达到长期保存、利用之目的。

辣椒中的水分，分为游离水和胶体结合水。其中大部分为游离水，只有一小部分为胶体结合水。游离水的束缚力小，容易蒸发，胶体结合水束缚力大，蒸发较慢。开始蒸发时，先是辣椒表层的游离水蒸发，而且蒸发速度快，当辣椒中的水分损失到 50%～60%时，蒸发速度开始变小，此时辣椒内外水分形成水势差，辣椒内部发生水分扩散（即转移），即由水分多的部位（内部）向辣椒表层转移蒸发转移蒸发直到干燥。

（1）温度对干燥速度和质量的影响。干燥过程中，若在干燥介质相对湿度不变的情况下，温度越高，辣椒与干燥介质之间的水蒸气压差就越大，辣椒中水分蒸发散失的速度就越快。相反，干燥介质的温度越低，辣椒的干燥速度就越慢。但温度过高时（较长时间 90℃以上高温），虽然辣椒的水分蒸发速度加快，但会使含水量很高的辣椒骤然与干热的空气相遇，细胞与细胞中的汁液迅速汽化而膨胀，细胞容易被破坏，使内含物流失，其中的糖分和其他有机物质常因高温而变成焦化状态，或者分解损失，使辣椒变成“黑皮椒”，成为废物。或在高温低湿下形成“硬壳椒”，阻碍水分扩散的进行。若干燥时间短，则形成“水泡椒”，即常说的“皮焦里生”。

（2）湿度对干燥速度的影响。干燥过程中，若在干燥介质温度不变的情况下，相对湿度越低，介质中水汽的饱和差就越大，干制的速度也越快。若升高温度，同时又降低相对湿度（通过放风实现），辣椒中的水分蒸发就越容易，干制速度也越快。如干制后期，温度60℃，相对湿度30%时，辣椒的含水量为8%，温度不变，相对湿度为8%～10%时，辣椒的含水量可降低到1.5%。若相对湿度保持在30%，温度由60℃提高到70℃，其辣椒的水分含量可由8%降低到4%。

（3）空气流动速度对干制速度和质量的影响。若温度不变，空气也不流动，则空气的相对湿度就会达到饱和状态，蒸发停止。此时必须将饱和的水蒸气排除，换入干燥的空气，干燥蒸发才能继续进行。排除湿气，空气流动对干燥速度影响很大。因此，不断加快空气流动和扩散速度，则可维持辣椒与空气介质之间较高的水汽压差，加速辣椒干制速度，缩短干制时间和周期。但空气流动速度过大，对热能的利用不大经济。20世纪80年代初，我国采用能使空气流动的密集式烘炉，既能加速干制，又能经济利用热能。近几年又推广一种内置式干燥机，以加速烘房内部的空气流动速度。

2．干制过程辣椒的变化

（1）重量变化。重量变化与辣椒类型、品种和当年气候条件有一定关系，据报道，陕西线椒烘干后，重量减轻80%。厚

皮椒类型(板椒),由于果皮角质化和木质化程度高,烘干后,重量减轻75%。在涝年,陕西线椒干制率为22.2%~25%,在旱年,果皮较薄,种子所占总果重的比重较小,干制率为18%~20%。

(2)体积变化。干燥完成后,陕西线椒的鲜果长度减少15.2%,直径缩小8.73%,体积减小50.8%,这与类型及品种有关系。青椒体积缩小最多,约75%,樱桃椒和簇生朝天椒体积缩小最少,约20%。

(3)外形的变化。外形变化与果皮质地、组织的结构和含水量的多少等均有一定关系。凡果皮组织疏松、含水量多的辣椒果实干燥后都会发生果肉皱缩。如甜椒、牛角椒、皱椒等。而果皮坚硬、角质结构明显和含水量较少的品种,干燥后果面光滑,果形变化不大。如簇生的朝天椒、锥形椒品种。

(4)色泽的变化。色泽主要受光照和温度影响,不同干制方法,干制技术对色泽影响很大,阳光直射,导致辣椒红素发生光解反应,部分分解,果皮呈白红色。高温烘烤,若温度过高或通风不良,高温或高湿,色泽都会变差。高温易出现"黑皮椒",高湿下,糖类向胡萝卜素转化,果实由鲜红色变成暗红色。

3. 人工干制设施

人工干制可降低因不能及时采收,病虫危害及雨季影响等带来的损失,提高产量,提高干燥率,若烘烤技术得当,质量也优于自然干燥。因此人工干制方式在辣椒产区较为普遍。人工干制可分别用煤、木材等热源,也有用电和柴油的。国内外已研制出大型的、机械化程度高的烘干机械。如中日合资生产的三久牌系列烘干机,容量大,速度快。但因我国农村生产体制所限，目前使用较多的是适合农村一家一户生产需要的小型农家烘房，现介绍如下：

(1)烘房建筑基本要求。

1)升温、保温性能好。为了保证各烘干阶段得到适宜的温度，并减少热量对烘干的无用消耗，使热量能在烘房内均匀分布，烘房必须设置升温性能好的加热系统和保温性能好的烘房结构。

2)通风排湿要顺畅。应根据烘房容量的大小、当地的气候条件(干燥时的温度、湿度和风向)，设计安装一定面积、不受外界影响的排湿装置。

3)选好建设地点。应选择交通方便，地势高燥，土质坚实，地下水位低，背风向阳，便于管理的地方。

(2)农家小型烘房的建筑。

烘房的建筑结构：

烘房通常为长方形，标准内径长 3～4 米，宽 2～2.4 米，高 2～2.2 米。墙(侧墙)用砖泥砌成，厚 0.37 米，两侧墙可用土坯砌成，或用土夯成，间以砖柱支托屋架，墙厚 0.40～0.45 米。房顶为人字形，目前多为双屋面瓦顶，保温效果不太理想。烘房建筑不管用什么材料，均应保证墙壁严密无缝，屋顶保温不漏气。如果村组集体建造烘房时，其体积可大一些，可采用内径长 5～6 米，宽 4 米，檐高 4～5 米的烘房，内设双火道加热。

加热设施包括烧火炕、灰门、炉膛、主火道、墙火道和烟囱等。

1)烧火炕位于地平面下，背风面一侧，从地面算起深 150 厘米，长 160～180 厘米，宽 70 厘米。

2)灰门位于炉膛的下面，烧火炕的里端，是卸灰和不断供

给炉膛内燃烧所需氧气的坑道，坑高 80 厘米，下宽 50 厘米，上宽 40 厘米，长度与炉膛长度相同。

3)炉膛位于灰门上，是燃煤燃烧的地方，小烘房一个炉膛，大烘房两个炉膛。一般炉膛长 80～85 厘米，宽 50 厘米，高 45 厘米，整体呈平放的枣核型。顶部和中后部的入火口可用耐火砖砌成。炉条一般 10～12 根，间距 1.5～2 厘米，前高后低，高差 12 厘米。炉门宽 20 厘米，高 24 厘米。并设炉门盖，盖上有一望孔。爬火道是炉膛与主道连接的通道，呈 25～30 度的坡度，前端的入火口宽 24 厘米，高 24 厘米，接主火道一端宽 37 厘米，高 24 厘米。爬火道水平长度 40 厘米。

4)主火道设在地面下 30 厘米处。宽 1.0～1.2 米，高 30 厘米，长度与烘房内腔长度相同，主火道两端靠侧墙的一面应与墙靠实，以防跑火危险。

5)主火道延伸至两边或一侧墙内的火道为墙火道。墙火道与主火道在后墙一角垂直连接。火道起端距主火道面 40 厘米高，末端距主火道面 70 厘米。然后延水平线拐至炉膛端的山墙上与烟囱相连。墙火道高 24 厘米，深入墙内 24 厘米。其外缘用砖坯砌严。

6)烟囱位于炉膛一侧的墙中，有效高度 3～4 米。烟囱基段内径 37 厘米见方，上端为 18 厘米见方。基端可设调节火门的闸门板一块。

7)走道位于主火道外侧，宽 80～90 厘米，用土垫铺成鱼脊状，以便操作。

8)测温、湿度设备常用温度计、湿度计分别放在上、中、下层。

9)烘房门设在烧火坑的一端，连走道。门高 1.6～1.7 米，宽 0.8 米。

通风排湿设施按0.015～0.02米^2/米^{3}烘房容积的通风排湿面积来计算总的通风和排湿的筒、洞口面积。①进风洞设于烘房边墙基部，每边均可设3个。其位置在主火道坑面上10厘米高处，每个洞的内口宽20厘米，高15厘米；外口宽25厘米，高20厘米，内外口连接起来呈喇叭状，外口略向上翘，以利空气进入顺畅。②排气筒位于靠近烘房屋顶中线的左右两侧，每烘房设置2个（10米长的烘房可设置3个），高于屋顶0.8～1.0米，底部截面40厘米见方，顶部为30厘米见方，同时底部设扇板开关一块。

装椒设备具有坚固耐用，灵巧方便，就地取材方便等特点。①烘架多为固定式，由支柱和棚架两部分组成。支柱可选用木棍或竹竿、钢管均可。棚架可用木棍和竹竿、钢丝扎成的一层层棚架，最下一层距火道面25厘米。第四至第六层间距为25厘米，其余为20厘米。②烘盘可用竹条或其他物编制成的长方形盘状物，其大小与烘架的长度、宽度相适应。一般农家小烘房的烘盘长95厘米，宽60厘米。高4～5厘米。盘底空隙以不漏掉辣椒为宜。

4. 人工烘干技术

（1）装炉。

1）挑选分级。分别将完好椒、不完全红熟椒、断裂椒、病虫椒分开。

2）装盘。将不同质量的辣椒分别标记装盘，每平方米装盘装椒10～12.5千克。

3）烘盘装炉。装炉时，烘盘间隙应当分布均匀，下部间隙1～2厘米，中部间隙2.0厘米，上部间隙3.0厘米。

（2）烘干。采用模拟自然阴干烘干法，即低温低湿烘烤法。

1)关闭天地窗大火升温至50℃,相对湿度90%(此时约5～6小时)开始通风。而后,在保持烘房内温度50～55℃范围内,实行连续通风。直至全部烘干。为获得更好的外观性状,在烘干的前半期可选用46～50℃慢升温烘烤,后半期(辣椒含水量降至50%以下期)用50～55℃进行较快升温烘干。

2)温度升到50℃时开始通风排湿,控制标准为湿球温度维持在38～39℃,干湿球温差保持在6℃以上。当湿球温度超过40℃或干湿球温差在4～6℃时,说明湿度偏高,应加大排湿通风强度,若湿球在37℃或干湿球温差在10℃以上时,说明温度偏低,应减弱通风排湿强度。

3)倒盘。为使炉内辣椒受温均匀,应进行烘盘上下调整。

(3)干燥完成。干燥完成之后,应在持续通风排湿的情况下,减弱火力。控温60℃逐渐降温。

(4)出盘和回潮。由于烘房内的辣椒烘干后,含水量很低,质地焦脆,极易破碎,须使其反向吸收一定量的水分变软,才能进行分级包装和运输。吸水变软的过程叫"回潮",一般常用自然"回潮"和人工喷水回潮。

5. 自然干制

自然干制的最大优点是:节约成本,技术操作简单,不需特殊设备。因此,应用颇为普遍。

(1)阴干。

1)阴棚阴干法:包括竹棚阴干,即将辣椒串挂在竹竿上阴干;塑料棚阴干,将辣椒串挂在塑料棚内阴干;檐廊阴干,将辣椒串挂在檐廊下阴干。

2)堆垛阴干法:将辣椒连株拔起堆在一起,上遮雨,等全部阴干后再采摘。

(2)晒干。晒干是最古老的干燥方式,分直晒和发汗晒干两种。

附录　辣椒常见病虫害药剂防治参考表

辣椒常见病虫害药剂防治参考表

防治对象	推荐药剂	推荐剂量	使用方法	安全间隔期(d)
猝倒病 立枯病	70%代森锰锌可湿性粉剂 58%甲霜灵·锰锌可湿性粉 72.2%霜霉威水剂	500倍 500倍 800倍	喷雾 喷雾 喷雾	
青枯病	72%农用硫酸链霉素可溶性粉剂 77%氢氧化铜可湿性粉剂 3%中生菌素可湿性粉剂	4000倍 400～600倍 800倍	喷雾 灌根 灌根	7 7 7
炭疽病	50%代森锰锌可湿性粉剂 75%百菌清可湿性粉剂 50%咪鲜胺乳油	600倍 800倍 1000倍	喷雾 喷雾 喷雾	10 10 10
灰霉病	40%嘧霉胺可湿性粉剂 50%异菌脲可湿性粉剂	800倍 1000倍	喷雾 喷雾	10 10
疫病	72%霜脲锰锌可湿性粉剂 69%安克锰锌可湿性粉剂 64%杀毒矾可湿性粉剂 60%甲霜锰锌可湿性粉剂	600倍 1000倍 500倍 500倍	喷雾 喷雾 喷雾 喷雾	10 10 10 10
病毒病	20%吗胍·乙酸铜可湿性粉剂 5%菌毒清水剂	500倍 200～300倍	喷雾 喷雾	3 7

续表

防治对象	推荐药剂	推荐剂量	使用方法	安全间隔期(d)
疮痂病	72%农用链霉素可溶性粉剂	3000～5000倍	喷雾	7
	77%氢氧化铜可湿性粉剂	500～800倍	喷雾	7
	3%中生菌素可湿性粉剂	1000倍	喷雾	7
	20%叶枯唑可湿性粉剂	600倍	喷雾	7
蚜虫	1%苦参碱水剂	600倍	喷雾	5
	5%啶虫脒可湿性粉剂	1000倍	喷雾	14
	10%吡虫啉可湿性粉剂	3000倍	喷雾	7
小地老虎	2.5%溴氰菊酯乳油	2500倍	喷雾	7
	20%氰戊菊酯乳油	3000倍	喷雾	7
烟青虫	8%阿维菌素乳油	3000倍	喷雾	7
	2.5%联苯菊酯乳油	3000倍	喷雾	7
	2.5%氯氰菊酯乳油	3000倍	喷雾	7

参考文献

[1]王久兴. 绿色辣椒安全生产手册[M]. 北京:中国农业出版社,2008.

[2]谭济才. 绿色食品生产原理与技术[M]. 北京:中国农业出版社,2005.

[3]张真和,李建伟. 绿色蔬菜生产技术[M]. 北京:中国农业出版社,2002.

[4]马国瑞. 蔬菜施肥手册[M]. 北京:中国农业出版社,2004.

[5]易齐,姜克英. 露地蔬菜病虫害防治手册[M]. 北京:中国农业出版社,2000.

[6]易齐,姜克英. 保护地蔬菜病虫害防治手册[M]. 北京:中国农业出版社,2000.

[7]龚惠启,宋泽芳,张正梁. 绿色蔬菜生产实用技术[M]. 长沙:湖南科学技术出版社,2008.

[8]姚明华. 辣椒高产栽培与加工技术[M]. 武汉:湖北科学技术出版社,2007.

[9]耿三省,陈斌,张晓芬,等. 我国辣椒育种动态及市场品种分布概况[J]. 辣椒杂志,2011(3):1-4.

[10]李璠. 中国栽培植物发展史[M]. 北京:科学出版社,1984.

[11]盛祥参. 我国辣椒种质资源的分类[J]. 北方园艺,2011(18):196-198.

[12]张宝玺,王立浩,毛胜利,等."十一五"我国辣椒遗传育种研究进展[J]. 中国蔬菜,2010,1(24):1-9.

[13]邹学校,刘建华,张继仁. 辣椒品种资源抗病性与起源地生

态环境的关系[J].湖南农学院学报,1992(S1):185-190.

[14]邹学校.中国辣椒[M].北京:中国农业出版社,2002.

[15]Mckeigue PM. Prospects for admixture mapping of complex traits. Am J Hum Genet, 2005, 76:1-7.

[16]Piekersgill B, et al. Numerical taxonomic studies on variation and domestication in some species of Capsicum, p679-700, In: Hawkes JQ Lester RN, Skelding AD. The biology and taxonomy of the Solanaceae. Academic Press, London, 1979.

图书在版编目(CIP)数据

辣椒绿色高效栽培技术/姚明华,李宁,王飞主编.
—武汉:湖北科学技术出版社,2017.12(2018.12重印)
ISBN 978-7-5706-0028-1

Ⅰ.①辣… Ⅱ.①姚…②李…③王… Ⅲ.①辣椒—蔬菜园艺—无污染技术 Ⅳ.①S641.3

中国版本图书馆CIP数据核字(2018)第023095号

责任编辑:邱新友 王贤芳　　封面设计:曾雅明

出版发行:湖北科学技术出版社　　电话:027—87679468
地　　址:武汉市雄楚大街268号　　邮编:430070
(湖北出版文化城B座13—14层)
网　　址:http://www.hbstp.com.cn

印　　刷:武汉图物印刷有限公司　　邮编:430071

880×1230　1/32　6.125印张　134千字
2018年3月第1版　2018年12月第2次印刷
定价:15.00元